Ansiedade DÓI, sim!
Eu resolvi dar um BASTA

MÁRCIO SANTOS

Ansiedade DÓI, sim!
Eu resolvi dar um BASTA

São Paulo, 2024

Ansiedade dói, sim! Eu resolvi dar um basta
Copyright © 2024 by Márcio Santos
Copyright © 2024 by Novo Século Ltda.

Editor: Luiz Vasconcelos
Coordenação editorial: Silvia Segóvia
Preparação: Andrea Bassoto
Revisão: Viviane Akemi Uemura
Diagramação: Manoela Dourado
Capa: Natalli Tami
Imagens: Vitor Marconi Ferreira da Silva

Texto de acordo com as normas do Novo Acordo Ortográfico da Língua Portuguesa (1990), em vigor desde 1º de janeiro de 2009.

Dados Internacionais de Catalogação na Publicação (CIP)
Angélica Ilacqua CRB-8/7057

Santos, Márcio
    Ansiedade dói, sim! : eu resolvi dar um basta / Márcio Santos. -- Barueri, SP : Novo Século Editora, 2024.
    144 p.

ISBN 978-65-5561-833-4

1. Ansiedade 2. Saúde mental 3. Autoajuda I. Título

24-3382   CDD 150

Índices para catálogo sistemático:
1. Ansiedade

Alameda Araguaia, 2190 – Bloco A – 11º andar – Conjunto 1111 CEP 06455-000 – Alphaville Industrial, Barueri – SP – Brasil
Tel.: (11) 3699-7107 | E-mail: atendimento@gruponovoseculo.com.br
www.gruponovoseculo.com.br

Agradecimentos

Agradeço, *primeiramente*, a Deus, cuja orientação e inspiração tornaram possível o início e a conclusão deste projeto. A Ele devo toda a gratidão por cada passo dado e por cada palavra escrita.

À minha amada família, meus pais e minha esposa, expresso minha profunda gratidão. O apoio inabalável e o amor incondicional de vocês foram o alicerce que me sustentou durante toda essa jornada. Cada palavra deste livro é reflexo do amor, incentivo e compreensão que vocês me proporcionam diariamente.

Aos meus estimados mentores, sou imensamente grato por suas orientações sábias e incentivo constante. Seus conselhos e ensinamentos moldaram não apenas este livro, mas também minha jornada como um todo.

À minha equipe dedicada, cuja colaboração incansável e comprometimento foram essenciais, meu sincero agradecimento. Seu trabalho árduo e sua dedicação foram fundamentais para transformar ideias em realidade e tornar este projeto tangível.

Sinto-me verdadeiramente realizado por poder tocar tantas vidas e contribuir, de alguma forma, para suavizar as jornadas daqueles que lutam contra a ansiedade. Este livro é resultado do esforço coletivo e do apoio inestimável de cada pessoa mencionada, e por isso sou eternamente grato.

Que este trabalho possa levar luz e esperança a todos aqueles que o lerem, e que possamos continuar a caminhar juntos, compartilhando amor, compaixão e compreensão em nosso percurso pela vida.

Com profunda gratidão,
Márcio Santos.

Apresentação

Bem-vindo a um guia prático para enfrentar a ansiedade e encontrar a paz interior. Este livro é dedicado a você, que luta contra a ansiedade todos os dias, bem como àqueles que estão ao seu redor, buscando entender e oferecer apoio. Se você já se sentiu preso em um ciclo de preocupação constante ou viu alguém querido passar por isso, este livro é para você.

OLÁ!

É com imensa satisfação que me apresento a você, ansioso leitor, com o objetivo de compartilhar conhecimentos e informações cruciais para que você possa encontrar harmonia e equilíbrio em sua vida, mesmo convivendo com a ansiedade.

Meu nome é Márcio Santos, sou psicólogo clínico, com pós-graduação em Saúde Mental e Gerontologia. Ao longo dos anos acumulei uma vasta experiência, auxiliando centenas de pessoas a lidar de forma mais saudável com a ansiedade.

Tenho dedicado grande parte da minha carreira ao cuidado emocional de pessoas que enfrentam os desafios da ansiedade. No entanto, antes de ser um profissional da saúde mental, sou um ser humano que sentiu na própria pele os estragos que ela pode causar.

Recebo diariamente uma série de perguntas sobre o tema da ansiedade e estou sempre pronto para respondê-las. Sim, a ansiedade pode atingir níveis de adoecimento alarmantes e é essencial abordá-la com seriedade e compreensão.

Para contextualizar, segundo a Organização Mundial da Saúde (OMS), o Brasil é o país com o maior índice de ansiedade do mundo, afetando aproximadamente 9% da população. Mesmo diante desses números preocupantes, muitas pessoas hesitam em procurar ajuda profissional. A ansiedade afeta mais de 23,1 milhões de brasileiros e os transtornos mentais respondem por mais de um terço do total de incapacidades nas Américas.

Nunca antes na história da humanidade testemunhamos um nível tão elevado de agitação mental e estresse. Vivemos em uma era em que tudo é voltado para o imediatismo e manter a calma e a tranquilidade diante das adversidades tornou-se motivo de admiração.

A crescente irritabilidade diante de pequenos contratempos é um sinal claro de que os níveis de impaciência e estresse estão cada vez mais altos.

PARA QUEM É ESTE LIVRO?

Este livro é para todos que desejam uma compreensão mais profunda da ansiedade e suas nuances. Se você é uma pessoa ansiosa, encontrará aqui uma fonte de apoio e orientação. Se você tem alguém ansioso em sua vida, aprenderá como oferecer suporte de maneira eficaz e compassiva.

O QUE ESPERAR?

Ao longo deste livro exploraremos juntos o que significa viver com ansiedade e como podemos enfrentá-la de maneira prática e realista. Vou compartilhar *insights*, estratégias e experiências pessoais para ajudá-lo a navegar por esse desafio com mais confiança e serenidade.

POR QUE IMPORTA?

A ansiedade não é apenas sobre preocupações passageiras; é uma batalha diária que pode afetar todos os aspectos da vida. Ao compreendê-la melhor e aprender a lidar com ela, podemos cultivar relacionamentos mais saudáveis, melhorar o bem-estar mental e encontrar maior equilíbrio emocional.

JUNTOS CONTRA A ANSIEDADE

Este livro é um convite para uma jornada de autoconhecimento, crescimento pessoal e apoio mútuo. Não importa se você está enfrentando a ansiedade ou apoiando alguém que está, estamos juntos nessa jornada. Vamos lhe dar um basta e buscar uma vida mais plena e feliz, passo a passo.

O PARADOXO DA ANSIEDADE

Atualmente, vivemos em uma época de paradoxos intrigantes. Apesar da vasta gama de oportunidades de entretenimento e lazer disponíveis, testemunhamos uma sociedade cada vez mais ansiosa, melancólica e depressiva.

Em uma ocasião particular, enquanto mediava um debate durante uma reunião de pós-graduação na universidade, pedi aos participantes que compartilhassem seus maiores medos e dificuldades. Para minha surpresa, muitos levantaram a mão com medo da ansiedade e da depressão.

Em minha prática clínica, é comum os pacientes chegarem ao consultório com um pedido claro e direto: "Quero que você tire minha ansiedade!". No entanto é importante lembrar que a ansiedade faz parte da condição humana. Ela tem raízes profundas em nosso instinto de sobrevivência e desempenha papel fundamental em nossas vidas. Porém, quando ela torna-se incontrolável, com sintomas avassaladores, as pessoas ficam desesperadas em busca de alívio.

Um ponto crucial que busco transmitir aos meus pacientes é a diferença entre a ansiedade comum e o transtorno de ansiedade. É normal sentir ansiedade em situações específicas, como antes de um evento importante. Já o transtorno de ansiedade é caracterizado por uma preocupação excessiva e persistente, muitas vezes acompanhada por pensamentos catastróficos.

Os pacientes que sofrem com a ansiedade fora de controle tendem a se autocriticarem intensamente e têm dificuldade em reconhecer suas próprias conquistas. Eles veem-se presos em um ciclo de comparação constante e lutam para encontrar paz no presente, vivendo constantemente preocupados com o futuro.

PRÓXIMOS PASSOS

Neste livro vamos explorar uma série de informações que fornecerão suporte para se entender e lidar com a ansiedade. Abordarei seus diferentes tipos e classificações, além de discutir estratégias eficazes para enfrentá-la, e apresentarei casos clínicos reais com nomes fictícios para ilustrar os desafios e as jornadas de superação. Contudo é importante ressaltar que a leitura deste livro não substitui a necessidade de acompanhamento profissional.

É crucial entender que não há soluções mágicas para lidar com a ansiedade. O processo de enfrentamento requer autoconhecimento, paciência e persistência. Estou comprometido em compartilhar com vocês ferramentas e *insights* que os ajudarão nessa jornada de autodescoberta e crescimento pessoal.

É provável que, em algum momento, a ansiedade tenha causado desconforto em sua vida, penetrando até mesmo na essência de sua alma e desencadeando uma série de complicações em diversos aspectos, seja na vida pessoal, social, profissional ou amorosa.

Pode ser que você seja um adolescente, sentindo uma necessidade avassaladora de encontrar respostas para as incertezas e dúvidas que permeiam essa fase da vida, resultando em uma preocupação extrema. Talvez você seja um profissional constantemente angustiado pela incerteza do futuro, enfrentando mudanças no mercado e crescentes pressões. Ou, quem sabe, você seja uma pessoa apaixonada, lutando para conciliar o sono diante da possibilidade do fim do relacionamento, impulsionado por experiências passadas que alimentam temores infundados.

Você pode ser um empreendedor, imerso na criação de novos negócios e oportunidades de ganho, mas incapaz de desligar-se o suficiente para descansar adequadamente. Talvez você seja uma mãe ou um pai que não consegue evitar a preocupação constante com o bem-estar de seu filho, temendo os perigos do mundo e antecipando o pior em todas as situações.

Quem sabe você esteja enfrentando um tratamento médico, perturbado pela demora dos resultados dos exames ou pela lentidão do progresso. Ou, então, você vive assombrado por eventos traumáticos do passado, sentindo a ansiedade e a angústia como uma constante companheira diante do medo de reviver experiências dolorosas.

Independentemente de qual seja sua situação, saiba que você não está sozinho em sua luta contra a ansiedade. Este livro está aqui para oferecer suporte, compreensão e estratégias para enfrentar esses desafios e recuperar a paz interior.

Sumário

1. A INSTALAÇÃO DO SENTIMENTO DE EVITAÇÃO E MEDO

Quais os indicativos de que estou sob o controle da ansiedade? 27
Mas, afinal, o que causa ansiedade? 28
Agora que entendemos melhor a ansiedade, como tratá-la? 33
    Psicoterapia 33
    Medicação 34
    Técnicas de relaxamento 34
    Estilo de vida saudável 34
    Suporte social 35
    Educação e autoconhecimento 35
    Trabalho em equipe 35
Mudando os pensamentos catastróficos 37
A luta pelo controle: uma reflexão sobre a vida do ansioso 40
    Desafios da ansiedade e a busca pelo controle 40
Ansiedade: enfrentar ou compreender e aceitar? 43
Caso clínico 1. Enfrentando a ansiedade – A jornada de Piafta em busca de equilíbrio emocional 45
Caso clínico 2. O desafio de Claydson 46
Dez estratégias para enfrentar o inimaginável – Como vencer os monstros criados pela nossa mente? 50
Alimente a chama da esperança: encontre paixão na vida 52
Perceba e aprenda a lidar de forma assertiva com seus medos 56
Encontrando a luz interior: navegando pelos desafios com esperança e determinação rumo ao autoconhecimento 58
O poder da esperança: lições do experimento dos ratos 60

Desvendando os gatilhos da ansiedade: uma abordagem para o autoconhecimento e a transformação emocional 62
Descobrindo opções de tratamento para a ansiedade 65
Persistindo além dos limites: uma jornada superando a ansiedade 69
Resiliência em foco: lições de força e superação de pessoas famosas 70
    Walt Disney: uma jornada de resiliência 70
    Albert Einstein: a força da determinação 71
    Steven Spielberg: a obstinação em pessoa 73
Desvendando a ansiedade: práticas e estratégias para encontrar a paz interior 74
    Respiração como técnica de controle 75
    Mindfulness 75
    Conclusão 75
Prática da respiração *mindfulness*: reserve cerca de cinco minutos do seu dia e siga estes passos simples 76
Desperte sua consciência: a arte do questionamento 77
Compreender a ansiedade: uma necessidade para você e para quem convive com pessoas ansiosas 78
Desvendando os benefícios da psicoterapia: caminhos para o autoconhecimento e crescimento pessoal 79
    A psicoterapia: navegando pelas águas do autoconhecimento e dos relacionamentos 79

2. EU RESOLVI DAR UM BASTA!

Explorando os transtornos de ansiedade segundo o CID 88
Transtorno do pânico: ataques de pânico 91
    Estratégias para aliviar os sintomas de uma crise de pânico 92
Transtorno de Ansiedade Generalizada (TAG): quando a preocupação torna-se excessiva 93
    Estratégias e tratamento 94
Transtorno de Ansiedade Social (TAS) ou Fobia Social: quando o medo do julgamento alheio torna-se paralisante 97
    Sintomas comuns 97
    Estratégia e tratamento 98

Transtorno de Estresse Pós-Traumático (TEPT): enfrentando
os fantasmas do passado...101
    Sintomas do TEPT 101
    Tratamento para o TEPT 102
Fobia específica 104
    Quando o medo torna-se paralisante 104
    Características da fobia específica 104
    Tratamento da fobia específica 106

3. SOBRE ANSIEDADE E SUAS PARTICULARIDADES

A ansiedade e a relação com a compulsão alimentar 111
    Uma abordagem multidisciplinar para o controle 112
    Uma jornada de autoconhecimento e transformação 113
    Estratégias para enfrentar a compulsão alimentar.........................114
Lidando com a disfunção sexual causada pela ansiedade............116
    Disfunção sexual e ansiedade: uma conexão intrincada 118
    Impacto na intimidade e nos relacionamentos 118
    Estratégias para enfrentar a disfunção sexual relacionada
    à ansiedade 119
    Conclusão 120
Procrastinação 121
    Desvendando os desafios da procrastinação 121
Falta de foco...125
    Enfrentando a falta de foco em meio à ansiedade..........................125
Explorando a relação entre ansiedade e insônia..............................127
    Como a ansiedade afeta o sono..127
Os desafios do perfeccionismo: ansiedade e autocrítica...............131
Reflexões para lidar com a ansiedade..134
    Oito princípios a lembrar 134

CHEGAMOS AO FIM: uma reflexão final 139

A ansiedade e suas crises não devem ser interpretadas como sinais de fraqueza ou falta de fé. Pelo contrário, são testemunhos da sua força ao enfrentar desafios por tanto tempo. Elas são um lembrete gentil ou agressivo de que todos precisamos de ajuda em algum momento.

1

A instalação do sentimento de evitação e medo

Existe um padrão bastante comum entre pessoas que sofrem com níveis elevados ou extremos de ansiedade. Muitas vezes, esses indivíduos têm uma forte tendência a evitar ou fugir de eventos que provocam desconforto, ativando, assim, a ansiedade e desencadeando gatilhos emocionais. À primeira vista, a fuga pode parecer a única saída, proporcionando um alívio momentâneo.

No entanto é importante entender que essa evitação apenas reforça o ciclo da ansiedade em longo prazo. O problema não desaparece simplesmente porque você optou por evitar confrontá-lo. Em algum momento, inevitavelmente, você irá enfrentar a mesma situação e a ansiedade manifestar-se-á com ainda mais intensidade.

É aqui que o processo de autoconhecimento torna-se fundamental. Ao buscar ajuda de um profissional de saúde mental, você é guiado a adotar uma nova perspectiva sobre o problema. A terapia oferece a oportunidade de enxergar essas situações como desafios a serem enfrentados em vez de obstáculos a serem evitados.

É compreensível que, inicialmente, a ideia de confrontar a ansiedade pareça assustadora. No entanto, ao longo do tratamento, você aprende a desenvolver habilidades para lidar com suas emoções de forma mais equilibrada. Em lugar de lutar contra ela, você aprende a compreendê-la e a utilizar ferramentas cognitivas para gerenciá-la de maneira mais eficaz, melhorando a sua qualidade de vida.

Durante esse processo de evolução você adquire consciência sobre si mesmo e aprende a tranquilizar-se nos momentos de maior desafio. Ao analisar de forma coerente a situação e trazer seus pensamentos para o presente, você desenvolve um senso de autocontrole sobre sua ansiedade.

Portanto é crucial entender que o sucesso do tratamento depende do seu comprometimento pessoal e da disposição para buscar ajuda. Cada indivíduo é único e o que funciona para um pode não ser a melhor abordagem para outro. O caminho para superar a ansiedade requer um compromisso contínuo consigo mesmo e uma abordagem individualizada do tratamento.

No primeiro capítulo deste livro inspirador, somos confrontados com uma questão fundamental: em um mundo repleto de incertezas e desafios, por que nos permitimos ser consumidos pela ansiedade antecipatória? Com uma abordagem reflexiva e provocativa, convido-os a direcionarem sua energia para aquilo que está ao nosso alcance em vez de perderem-se em preocupações sobre o que foge ao nosso controle.

Ao explorar essa perspectiva inovadora, o capítulo inaugura uma jornada de autoconhecimento e transformação, oferecendo *insights* valiosos sobre como enfrentar a ansiedade e cultivar uma vida mais equilibrada e consciente.

Para muitos, a ansiedade pode parecer um monstro gigantesco, uma presença avassaladora que domina suas vidas. Porém, do ponto de vista da Psicologia, ela é mais do que apenas um inimigo a ser combatido. Ela é, na verdade, uma defesa do corpo e da mente, um sinal de que algo não está indo bem e que merece atenção especial.

QUAIS OS INDICATIVOS DE QUE ESTOU SOB O CONTROLE DA ANSIEDADE?

A ansiedade pode manifestar-se de várias maneiras, muitas das quais podem passar despercebidas se não estivermos atentos aos sinais que o nosso corpo e a nossa mente nos enviam. É importante reconhecer esses indicadores para podermos tomar medidas a favor da nossa saúde física e mental.

Na vida social, a ansiedade pode levar ao isolamento, à evitação de eventos sociais e à dificuldade em manter relacionamentos interpessoais saudáveis. No ambiente profissional, os sintomas podem manifestar-se como dificuldade de concentração, diminuição da produtividade e até mesmo desenvolvimento de pensamentos paranoicos, prejudicando o desempenho no trabalho.

Nos relacionamentos amorosos, a ansiedade pode gerar preocupações excessivas com a satisfação do parceiro(a), medo de não corresponder às expectativas e até mesmo afetar a vida sexual, causando apreensões em relação ao desempenho e ao prazer do outro, muitas vezes em detrimento do próprio prazer. Lembrando também que a irritabilidade, problemas digestivos e distúrbio do sono são mais alguns indicativos de que estou sob o controle da ansiedade.

Reconhecer esses sinais é o primeiro passo para buscar ajuda e iniciar uma jornada de autoconhecimento e cuidado pessoal. É essencial compreender que a ansiedade pode manifestar-se de diversas formas e afetar todos os aspectos da vida, mas existem estratégias e recursos disponíveis para enfrentá-la e recuperar o equilíbrio emocional.

MAS, AFINAL, O QUE CAUSA ANSIEDADE?

A pergunta sobre as causas da ansiedade é complexa e multifacetada, pois pode variar significativamente de pessoa para pessoa. As origens desse transtorno podem estar relacionadas a desequilíbrios químicos ou hormonais no corpo, traumas vivenciados na infância que nunca foram devidamente processados ou eventos estressantes repentinos que impactam significativamente a rotina diária, como mudanças no trabalho, na família ou na residência.

Muitas vezes, as raízes da ansiedade remontam à infância e à família, em que sistemas de crenças elaborados e padrões de cobrança excessiva podem ter sido internalizados desde cedo. Traumas do passado, sejam eles físicos, verbais ou emocionais, podem deixar marcas profundas e desencadear crises de ansiedade ao longo da vida.

Além disso, é importante considerar os gatilhos individuais que podem provocar episódios de ansiedade. Estes podem incluir eventos traumáticos recentes, falta de apoio familiar ou situações adversas no presente que ativam memórias ou sentimentos negativos do passado.

Diversos fatores podem contribuir para o desenvolvimento da ansiedade, como doenças crônicas, experiências de violência, *bullying*, dificuldades financeiras ou até mesmo a escassez de recursos básicos para sobrevivência. Esses gatilhos externos podem levar a uma série de emoções intensas, como raiva, tristeza ou medo, levando a sintomas de ansiedade.

Relacionamentos amorosos podem ser uma fonte significativa de ansiedade, desencadeando um ciclo de medo e preocupação que pode ser difícil de quebrar. Quando os sintomas de ansiedade começam a se manifestar, é comum que a pessoa sinta-se incapaz de enfrentar seus medos e duvide de suas próprias habilidades. Esse ciclo do medo é caracterizado por pensamentos catastróficos sobre o futuro, nos quais a pessoa antecipa constantemente eventos negativos e terríveis.

É importante reconhecer que, embora eventos imprevistos e desafiadores possam ocorrer em nossas vidas, tentar controlar todas as situações é uma armadilha da ansiedade que muitas vezes leva-nos a um estado de constante estresse e preocupação. A verdade é que não podemos controlar tudo o que acontece ao nosso redor e tentar fazê-lo só aumenta a nossa ansiedade e o nosso sofrimento.

Quando confrontadas com situações desconhecidas ou desafiadoras, como falar em público, muitas pessoas experimentam um aumento significativo na ansiedade e no estresse. Esse é apenas um exemplo de como a ansiedade pode manifestar-se em diferentes aspectos da vida, ativando um estado de alerta máximo e dificultando a capacidade de lidar com a situação de forma tranquila e equilibrada.

Lembro-me de um caso em que um paciente precisava apresentar um trabalho na faculdade. Ele compartilhou comigo as várias sensações que experimentou: desde o desejo de sair correndo do local até sentir-se encolhido no canto só de pensar na apresentação. É importante ressaltar que para muitas pessoas essa não é uma situação de perigo e é até considerada muito normal; no entanto, para algumas pessoas, isso desencadeia uma ansiedade fora do comum. É crucial reconhecer que a ansiedade é uma experiência individual e não devemos menosprezar a dor daqueles que a enfrentam, independentemente da situação.

De acordo com essa perspectiva, convido você, que enfrenta a ansiedade, a fazer uma pausa e começar a identificar qual é o perigo real que está causando tanta ansiedade. Por que você está interpretando as coisas de maneira tão negativa? Por que está constantemente problematizando tudo? Quais conflitos internos você está enfrentando? No contexto da psicoterapia, é relevante explorar essas questões pessoais e tomar consciência de suas crenças. É uma viagem de autoconhecimento profundo.

É essencial compreender que a ansiedade faz parte da experiência humana. Muitas pessoas enfrentam sentimentos de preocupação e tensão em algum momento de suas vidas, além ao entender o funcionamento de suas emoções, você pode começar a desarmar os gatilhos mentais e retomar o controle da sua vida. Lembre-se: você está no controle e, mesmo diante de momentos de angústias, você tem a capacidade de encontrar soluções para cada situação. Mantenha essa mentalidade, buscando sempre alternativas para resolver os desafios que surgirem.

Além disso, é importante considerar diversos aspectos da vida da pessoa afetada pela ansiedade. Com frequência, os sintomas são tão intensos que as pessoas chegam a acreditar que estão sofrendo de uma doença incurável ou de algum problema físico mais grave, como distúrbios cardíacos. Entretanto, muitas vezes, após uma avaliação médica, descobre-se que esses sintomas são resultado de uma crise de ansiedade.

É fundamental vigiar nossos pensamentos, pois são as sementes das nossas ações.
É essencial vigiar nossas ações, pois moldam nossos hábitos.
É crucial vigiar nossos hábitos, pois influenciam nosso caráter.
E é primordial vigiar nosso caráter, pois ele determina nosso destino.

AGORA QUE ENTENDEMOS MELHOR A ANSIEDADE, COMO TRATÁ-LA?

Psicoterapia

Cada abordagem terapêutica tem suas particularidades e seus benefícios distintos. Não é minha intenção afirmar que uma abordagem específica seja superior à outra, pois a eficácia de cada uma pode variar dependendo da singularidade de cada paciente e do contexto terapêutico. O mais importante é encontrar um psicoterapeuta qualificado e comprometido em ajudá-lo com suas questões emocionais. Ao longo do progresso terapêutico, o profissional utilizará uma variedade de técnicas e abordagens, adaptando-as de acordo com as necessidades individuais.

É essencial que o terapeuta tenha sensibilidade para identificar os padrões de pensamento e comportamento que contribuem para a ansiedade do paciente. Isso requer uma compreensão profunda das diferentes correntes teóricas da Psicologia, como a abordagem Gestalt, a cognitivo-comportamental, a psicanálise, a terapia humanista e outras. Cada uma dessas abordagens oferece ferramentas únicas para explorar e transformar os processos mentais que podem estar causando sofrimento ao paciente.

Portanto, ao buscar ajuda terapêutica é fundamental estar aberto a diferentes abordagens e confiar no método de colaboração entre paciente e terapeuta. O objetivo final da psicoterapia é promover a compreensão, o crescimento pessoal e o alívio do sofrimento emocional, independentemente da escolha da abordagem terapêutica.

Medicação

Em alguns casos, medicamentos podem ser prescritos para ajudar a controlar os sintomas de ansiedade. Isso geralmente inclui antidepressivos, ansiolíticos ou uma combinação de ambos. Porém é importante usar medicamentos apenas sob a supervisão de um médico especializado.

Técnicas de relaxamento

Práticas como meditação, respiração profunda, relaxamento muscular progressivo e *mindfulness* podem ajudar a reduzir os níveis de ansiedade e promover uma sensação de calma e bem-estar.

Estilo de vida saudável

Manter hábitos de vida saudáveis – como dormir o suficiente, fazer exercícios regularmente, limitar o consumo de álcool e cafeína e seguir uma dieta equilibrada – pode ajudar a reduzir os sintomas de ansiedade.

Suporte social

Ter uma rede de apoio forte é fundamental no enfrentamento da ansiedade. Conversar com amigos e familiares ou participar de grupos de apoio fornece conforto emocional e encorajamento.

Educação e autoconhecimento

Aprender mais sobre a ansiedade e como ela afeta você pessoalmente também é muito útil. Isso inclui identificar gatilhos de ansiedade, desenvolver estratégias de enfrentamento e aprender a desafiar pensamentos negativos.

Trabalho em equipe

É essencial que o paciente trabalhe em colaboração com profissionais de saúde mental, como psicólogos e psiquiatras, para desenvolver um plano de tratamento abrangente e eficaz.

Ao adotar-se uma abordagem multifacetada e personalizada para o tratamento da ansiedade é possível alcançar uma melhora significativa na qualidade de vida e no bem-estar emocional.

Enquanto a ansiedade projeta constantemente preocupações para o futuro, sua presença descontrolada pode sabotar significativamente o momento presente.

MUDANDO OS PENSAMENTOS CATASTRÓFICOS

Você já percebeu como nossa mente tende a transformar pequenos contratempos em grandes desastres? Quando pensamos em "desastres" ou "catástrofes", imediatamente imaginamos cenários repletos de estresse e dor, como se fôssemos arrastados para um turbilhão de emoções negativas. Mas será que essas situações são realmente tão devastadoras quanto parecem?

Imagine, por exemplo, alguém que perde seu emprego inesperadamente. Em vez de encarar essa mudança como uma oportunidade para novos começos, essa pessoa pode automaticamente entrar em pânico, imaginando uma espiral descendente de problemas financeiros, rejeição social e fracasso pessoal. No entanto, para um observador externo, essa mesma situação pode parecer uma simples reviravolta na jornada profissional, com potencial para crescimento e aprendizado.

Essa tendência de amplificar os problemas e antecipar o pior é uma das facetas mais marcantes da ansiedade. Quando nossas mentes não estão equilibradas, somos facilmente levados a conclusões desastrosas e pensamentos catastróficos. Em momentos de grande ansiedade, é comum que esses pensamentos negativos assumam o controle, obscurecendo nossa capacidade de ver as coisas com clareza e objetividade.

No entanto é importante lembrar que esses pensamentos não refletem necessariamente a realidade. Eles são produtos de nossa mente, influenciados pela ansiedade e pelo medo do desconhecido. Ao reconhecer essa tendência e buscar ajuda profissional, podemos aprender a desafiar esses padrões de pensamento e encontrar uma perspectiva mais equilibrada e realista.

Que possamos viver plenamente o hoje, sem o peso das lembranças do ontem ou da ansiedade pelo amanhã.

A LUTA PELO CONTROLE: UMA REFLEXÃO SOBRE A VIDA DO ANSIOSO

Desafios da ansiedade e a busca pelo controle

A ansiedade está intimamente ligada a momentos de preocupação, acompanhada por uma série de sentimentos avassaladores, tais como angústia, pensamentos antecipatórios incessantes, suspeitas e ideias apocalípticas. Esses pensamentos ansiosos ocupam espaço na mente do indivíduo, inundando-a com cenários imaginários, muitas vezes improváveis de acontecer.

A preocupação atua como um gatilho em cascata, aumentando progressivamente a ansiedade. Quanto mais nos preocupamos, mais ansiosos ficamos, alimentando uma urgência descontrolada de dominar todas as coisas e situações ao nosso redor. No entanto é essencial compreender que nunca teremos controle absoluto sobre tudo. E, ainda, tal controle nem sempre é necessário, já que muitas circunstâncias estão além da nossa esfera de influência e controle.

A maioria das preocupações que elaboramos em nossas mentes são meras projeções, distantes da realidade, em cerca de 90% dos casos essas preocupações não se concretizam.

É sabido que as pessoas ansiosas frequentemente se encontram em uma dualidade desconcertante: enquanto reconhecem a importância de viverem o presente, acabam sendo arrastadas para um futuro incerto. Essas projeções futuras demandam uma quantidade imensa de energia e causam um desgaste mental significativo. Encher a mente com tantos pensamentos negativos pode ser verdadeiramente assustador. Imagine estar sempre em estado de alerta, preocupado com o que os outros pensarão, dirão, farão ou julgarão sobre você. É um fardo pesado e exaustivo.

Lembre-se: o peso das coisas é determinado pelo significado que atribuímos a elas. Para ilustrar, considere um profissional com uma carreira de 10 anos que comete um erro. Ele reconhece o que deu errado, comunica-se com sua equipe e toma medidas para mitigar os danos, encarando o erro como uma oportunidade de aprendizado. Essa abordagem é congruente com os princípios da Terapia Cognitivo-Comportamental (TCC), desenvolvida por Aaron Beck, que enfatiza a identificação e a reestruturação de pensamentos disfuncionais.

Agora, imagine a mesma situação com um estagiário. É provável que o estagiário seja inundado por uma onda de estresse, com a ansiedade acompanhando-o desde o momento em que comete o erro até a hora de dormir. Talvez ele nem consiga dormir, consumido pelos pensamentos das possíveis consequências catastróficas de sua falha. Isso leva-nos a refletir sobre a importância que damos aos eventos em nossas vidas.

Buscar controlar tudo, além de ser uma tarefa quase impossível, é extremamente desgastante e desnecessário. Já tentou soltar um pouco as rédeas e diminuir o controle? Não estou sugerindo abandonar tudo de uma vez e, sim, começar a delegar tarefas dentro do possível e entender que, mesmo desejando controlar tudo, nem sempre as coisas sairão como planejado.

Essa abordagem também alinha-se com os conceitos da Teoria da Autoeficácia, de Albert Bandura, que postula que a crença na própria capacidade de enfrentar desafios influencia diretamente o comportamento humano. Ao adotarmos uma postura mais flexível em relação ao controle, podemos fortalecer nossa autoeficácia e reduzir os níveis de ansiedade.

Naturalmente, se você tem o hábito de querer controlar tudo, mudar seus pensamentos pode gerar ansiedade, pois é uma experiência nova e desafiadora. Mas se você conseguir resistir ao impulso inicial, perceberá que as coisas podem desenrolar-se de maneira mais suave e sua saúde mental agradecerá.

Concentre-se nas situações que estão ocorrendo no presente e que estão sob seu controle. Identifique o que pode ser feito para lidar com cada uma delas. E quanto àquelas que fogem ao seu controle, tente não se apegar a elas e siga em frente.

ANSIEDADE: ENFRENTAR OU COMPREENDER E ACEITAR?

Muitas vezes, os pacientes chegam ao consultório com um discurso confuso sobre ansiedade, sem compreender suas razões ou seus gatilhos, incapazes de nomear o que estão sentindo. O processo começa com os primeiros passos, reconhecendo e compreendendo o significado da ansiedade e como ela afeta o corpo e as emoções.

Alguns pacientes adotam uma postura de evitação extrema, restringindo sua vida social por causa do conflito que experimentam diante de certas situações. Por exemplo, evitam *happy hours* com colegas de trabalho com medo de serem julgados, têm dificuldade em conhecer novas pessoas, frequentar a faculdade ou até mesmo comparecer a entrevistas de emprego.

A psicoterapia é uma ferramenta essencial na vida do ansioso. Durante o processo terapêutico é possível ressignificar os medos, percebendo que são menores do que a mente imagina. Gradualmente, o paciente adquire mais confiança e expande sua consciência emocional, recebendo as ferramentas necessárias para superar cada dificuldade.

Chegou a hora de enfrentar. Apesar de parecer desafiador, é fundamental realizar as atividades cotidianas, mesmo na presença da ansiedade. Ao fazer isso, experimenta-se uma sensação de realização, mostrando que é possível avançar apesar dos medos.

Há um conflito constante entre emoção e razão, mas é preciso tomar decisões e agir. Aceitar as mudanças e compreender que elas virão, mesmo que não desejadas, é essencial. Não alimente a ansiedade; em vez disso, busque entender seu processo de mudança e encarar os desafios de frente.

Enfrentar os medos é uma tarefa árdua, mas é possível. Ao fazer isso, retira-se o combustível da ansiedade e fortalece-se a confiança, permitindo tranquilizar e fortalecer o corpo e as emoções.

CASO CLÍNICO 1

Enfrentando a ansiedade – A jornada de Piafta em busca de equilíbrio emocional

A paciente Piafta (nome fictício) finalmente chegou ao meu consultório após cinco desmarcações. Era evidente sua vergonha pelos atrasos e pelas ausências anteriores, mas ela reconheceu a necessidade urgente de iniciar a psicoterapia, pois sua ansiedade estava se tornando avassaladora. Antes mesmo de começarmos as sessões, Piafta expressou preocupações sobre como amigos e familiares reagiriam ao saber de seu acompanhamento psicológico.

Desde a infância, ela sempre teve receio do julgamento alheio, uma barreira que se intensificou com o passar dos anos. Em meio a uma crise de ansiedade, Piafta compartilhou sua angústia com uma amiga, que a incentivou a buscar ajuda profissional, mencionando os benefícios que a psicoterapia trouxe para sua própria vida.

No auge dos 19 anos, Piafta relata uma longa história de ansiedade, agravada recentemente pela crescente dificuldade em lidar com interações sociais. Os temidos exames vestibulares e o Exame Nacional do Ensino Médio (Enem) aumentaram ainda mais seus níveis de estresse e medo, que se tornaram companheiros constantes em seu dia a dia. Foi somente quando Piafta aceitou sua necessidade de ajuda que pôde dar início ao seu processo terapêutico.

Como profissional, deparei-me com inúmeras narrativas de sofrimento semelhantes às de Piafta. Muitos pacientes expressaram sentimentos de desespero, medo de perderem o controle e uma sensação de iminente adversidade. Os adolescentes, em particular, descrevem sensações físicas opressoras, como tremores e palpitações, juntamente a pensamentos perturbadores sobre eventos futuros que nunca se concretizaram.

Em um mundo em que a busca pela perfeição é incessante, muitos se esquecem de que a verdadeira felicidade reside nas pequenas coisas da vida, nos momentos simples e significativos que nos trazem alegria.

CASO CLÍNICO 2

O desafio de Claydson

O paciente Claydson (nome fictício), um homem de 35 anos, procurou ajuda psicológica devido a sintomas persistentes de ansiedade que estavam afetando tanto sua vida pessoal quanto a profissional. Ele relatou sentir um constante estado de preocupação, acompanhado por sintomas físicos como batimentos cardíacos acelerados, sudorese e dificuldade para respirar em momentos de estresse.

Durante a avaliação inicial, Claydson compartilhou que esses sintomas haviam se intensificado nos últimos meses devido a pressões no trabalho e preocupações com a saúde de sua família. Ele descreveu sentir-se sobrecarregado pela sensação de responsabilidade e pela dificuldade de lidar com incertezas.

O manejo foi baseando-se nas teorias da Gestalt Terapia e da Psicologia Positiva. Expliquei ao Claydson como a ansiedade podia ser resultado de uma desconexão com suas experiências presentes e de um foco excessivo em aspectos negativos da vida. Ele adotou a ideia de que, ao reconectar-se com suas emoções e ao cultivar uma perspectiva mais positiva, é possível reduzir a intensidade da ansiedade.

Durante as sessões de terapia, Claydson foi encorajado a explorar suas emoções e a expressar suas preocupações de forma autêntica. Utilizamos as técnicas de exercícios de consciência plena e de visualização para ajudar Claydson a conectar-se com o momento presente e a cultivar uma atitude de gratidão e esperança.

Além disso, foram exploradas estratégias de enfrentamento adaptativas, como a reestruturação cognitiva e o fortalecimento de habilidades de resiliência. Claydson foi incentivado a identificar seus recursos internos e a encontrar significado e propósito em suas experiências, mesmo nas situações mais desafiadoras.

Ao longo das semanas de terapia, Claydson relatou uma melhora significativa em seus sintomas de ansiedade. Ele sentia-se mais conectado consigo mesmo e com os outros e estava mais apto a enfrentar os desafios da vida com confiança e otimismo. Claydson reconheceu que ainda havia trabalho a ser feito, mas estava determinado a continuar seu progresso com as ferramentas e técnicas aprendidas na terapia.

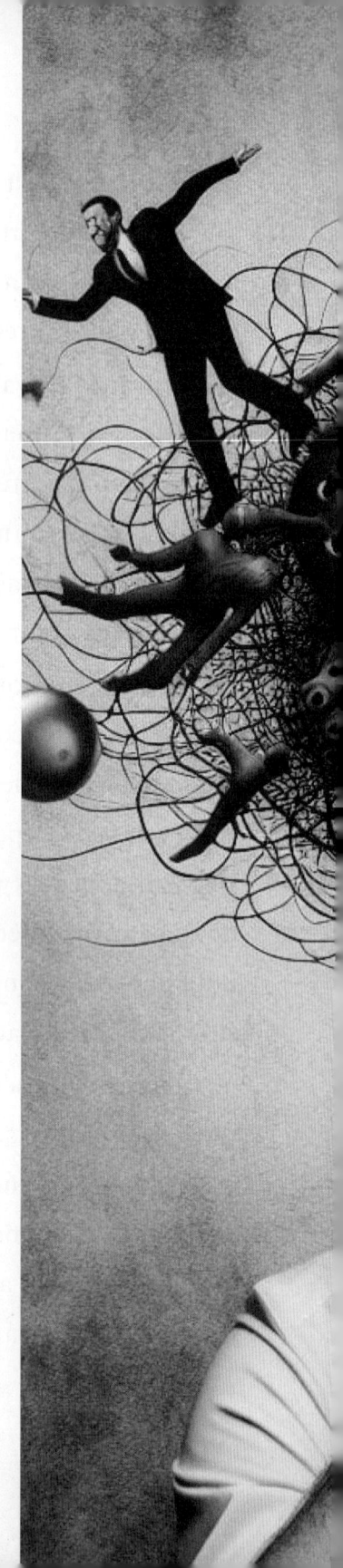

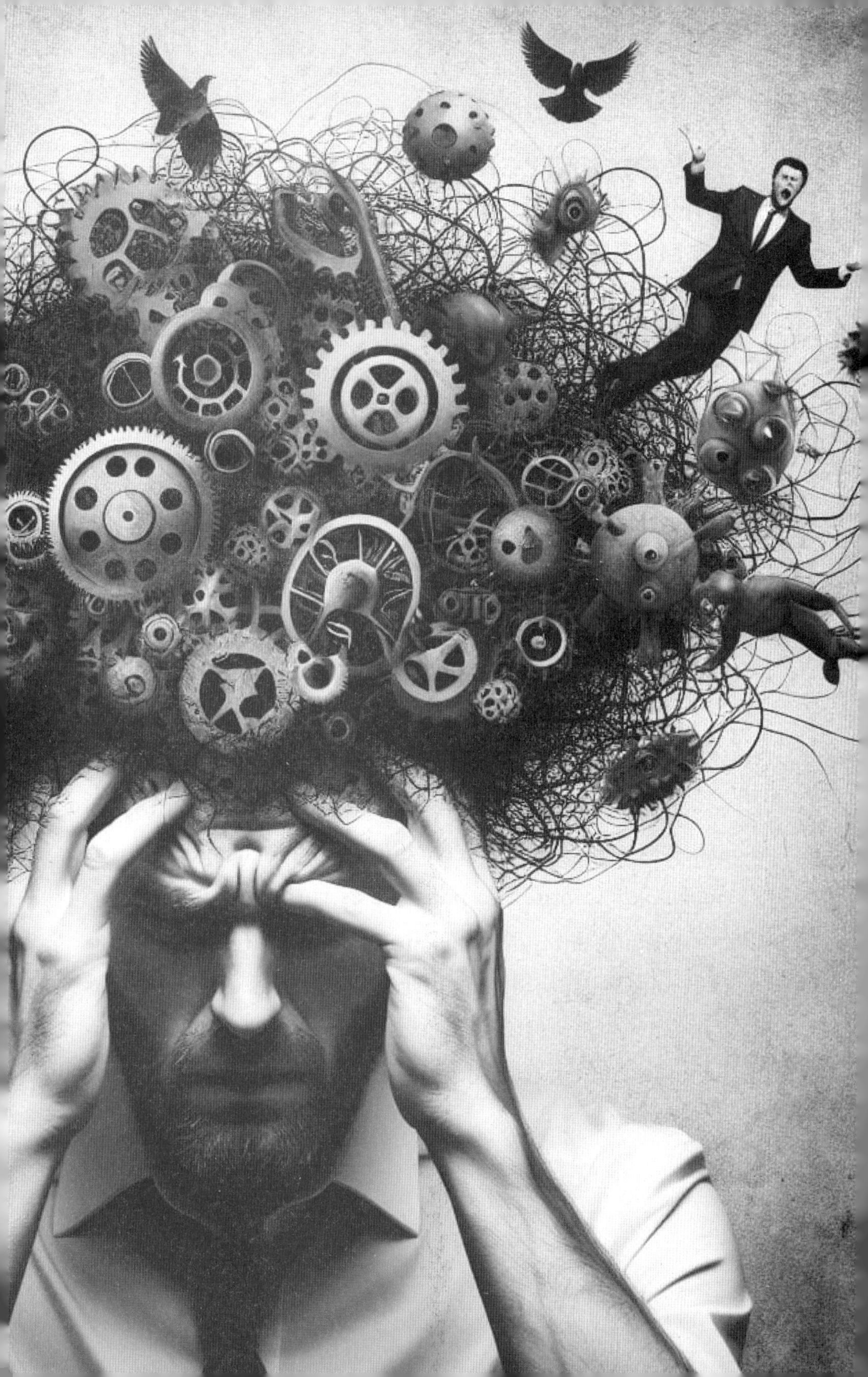

DEZ ESTRATÉGIAS PARA ENFRENTAR O INIMAGINÁVEL – COMO VENCER OS MONSTROS CRIADOS PELA NOSSA MENTE?

A resposta não é tão simples, pois cada pessoa reage de maneira diferente aos estímulos. No entanto posso afirmar sem medo de errar: você precisa seguir em frente, fazer o que precisa ser feito. Mesmo com a ansiedade presente, é imprescindível avançar, utilizando ajustes criativos, técnicas de respiração e autoconsciência da situação para enfrentar os desafios.

Quando você supera essas barreiras, seu corpo e sua mente começam a perceber que é possível e que você é capaz. Isso proporciona calma e segurança diante das situações conflitantes. Tentar fugir desses desafios só acarreta consequências, enviando uma mensagem de fraqueza e de impotência para sua estrutura psíquica.

Procure entender suas motivações e altere sua postura diante dos problemas. Estude maneiras de resolvê-los e desenvolva estratégias para enfrentar a ansiedade, impedindo que ela transforme-se em um obstáculo maior do que você.

Concordo que não era para ficar assim. Acredite, não sou eu quem controla; muitas vezes é algo maior do que eu. E tudo acontece em instantes, de repente um turbilhão de pensamentos instala-se dentro de mim.

ALIMENTE A CHAMA DA ESPERANÇA: ENCONTRE PAIXÃO NA VIDA

É notável como podemos nos deixar envolver emocionalmente por situações estressantes. Muitas vezes, exageramos nas preocupações que criamos, minando nossa própria esperança. Há um ditado popular que diz muito sobre isso: "Depois das tempestades mais adversas sempre vem a calmaria". Pergunto a você: quem tem sido você em sua vida? A tempestade ou a calmaria?

Nutrir-se de esperança é aconselhável. Quando a ansiedade manifesta-se é fundamental ter um escudo emocional para equilibrar-se, compreendendo que os problemas são inevitáveis, mas a forma como os enfrentamos faz toda a diferença. Costumo dizer aos meus pacientes: "O problema não é o problema, mas como lidamos com ele". Com essa perspectiva, as pessoas percebem que suas atitudes são cruciais para superar desafios.

Percebi que, para melhorar minha vida pessoal e profissional, havia várias opções, mas não podia perder a esperança. Como disse Mario Sergio Cortella: "Esperança é do verbo esperançar, não do esperar". Isso significa agir em vez de esperar. "Espero que dê certo, espero que resolva, espero conseguir o emprego, espero passar no vestibular". Seguir essa visão é esperar, não ter esperança. Podemos esperar, mas o que estamos fazendo para mudar as coisas? Qual é o nosso compromisso com a vida e com a esperança? São questões para refletir.

Em um mundo caótico, em que somos bombardeados com notícias tristes constantemente, manter a esperança é essencial. Acreditar que sempre haverá um amanhã repleto de oportunidades é necessário para nos motivar. Então eu pergunto: você está agindo? Quais são seus interesses? Quanto tempo você dedica para alcançar seus objetivos e sonhos? Está se cercando de pessoas e ideias que o impulsionam para frente em busca do seu desenvolvimento pessoal? Se estiver seguindo esse caminho, está um passo mais próximo de equilibrar sua ansiedade.

Sabemos que a ansiedade leva-nos para o futuro, então é importante colocá-lo na perspectiva correta. O futuro é determinado pelas nossas ações no presente. Mesmo que imaginemos que será difícil, o que estamos fazendo para mudar as possibilidades? Se não estivermos fazendo nada, não adianta ter esperança, pois estaremos apenas esperando. Apenas esperar não traz os resultados desejados.

Os pequenos passos não devem ser subestimados. Faça o que precisa ser feito. Isso é sua responsabilidade. Se começar a agir e tomar as rédeas da sua vida, estará mais perto do sucesso. Assim, poderá ter esperança, e a ansiedade começará a diminuir gradualmente, pois você tomará o controle da sua vida.

Ser ansioso é como antecipar uma tempestade antes mesmo da primeira gota d'água. Evite deixar-se abalar pelo que ainda não se concretizou.

PERCEBA E APRENDA A LIDAR DE FORMA ASSERTIVA COM SEUS MEDOS

O medo é uma emoção complexa que tem origens diversas em nossas vidas, muitas vezes associadas a experiências passadas e a bagagens emocionais. Por isso o medo tem diferentes significados para cada indivíduo, dependendo da interpretação dada a cada situação. Por exemplo, receber um diagnóstico médico pode gerar ansiedade para alguns, enquanto para outros pode representar um alívio por finalmente obter uma resposta e iniciar um tratamento.

Da mesma forma, situações como o término de um relacionamento são percebidas de maneiras distintas por diferentes pessoas, algumas encarando como algo assustador e outras como uma oportunidade de libertação. A ansiedade pode manifestar-se como insegurança em relação a pessoas, circunstâncias ou objetos, e essa insegurança varia de pessoa para pessoa. Alguns indivíduos sentem-se inseguros em situações de convívio social, enquanto outros temem o transporte coletivo ou têm fobia de animais.

É importante compreender que o problema não reside na situação em si, como voar de avião ou encontrar um cachorro, mas na percepção individual dessas experiências. Por exemplo, o medo de voar pode desencadear pensamentos automáticos desastrosos sobre a possibilidade de acidentes, ainda que estatisticamente o avião seja um meio de transporte seguro.

Frederick Perls, considerado o pai da Gestalt, uma abordagem da Psicologia, destacou a relação entre a ansiedade e a tensão entre o presente e o futuro. Ele enfatizou que a ansiedade surge quando há um vazio de expectativas em relação ao futuro e o indivíduo sente a necessidade de preenchê-lo, muitas vezes criando cenários calamitosos em sua mente, o que pode levar à improdutividade e à frustração.

Para combater o medo que desencadeia a ansiedade é necessário um processo terapêutico que envolva técnicas específicas, visando a uma mudança cognitiva e suas crenças. Durante esse processo é essencial que o paciente trabalhe o autoconhecimento profundo, identificando e racionalizando seus medos, além de vivenciar o momento presente em vez de ficar preso em preocupações futuras. A terapia Gestalt é uma abordagem que enfatiza essa vivência do presente, ajudando o paciente a superar seus medos e suas ansiedades.

ENCONTRANDO A LUZ INTERIOR: NAVEGANDO PELOS DESAFIOS COM ESPERANÇA E DETERMINAÇÃO RUMO AO AUTOCONHECIMENTO

Uma das construções mais elaboradas socialmente é a questão da fé, e por diversas vezes isso é um suporte fantástico no processo de melhoria dos aspectos emocionais. É óbvio que não precisamos concordar com as crenças e as convicções dos outros, porém, o que vejo na prática é que quem tem uma ligação com sua fé e sua espiritualidade tem uma chance maior de evoluir emocionalmente e resolver conflitos. Claro que isso depende do contexto.

Há um motivo sólido e evidências em algumas pesquisas e alguns estudos de que pessoas que têm uma intensa vivência e comprometimento com sua espiritualidade têm maior perspectiva de terem uma vida mais saudável e tendem a recuperarem-se melhor de adoecimentos como câncer e outras patologias. Isso acontece porque em alguns momentos esses indivíduos vivenciam uma paz interior que nutre esperança em suas mentes e proporciona-lhes condições de bem-estar e, consequentemente, melhoria em sua saúde física e mental.

Alguns questionamentos são levantados em relação a esse assunto, e, quando se refere à Psicologia gosto muito de frisar a visão de sua quarta força, a transpessoal, que tem como um de seus fundadores Abraham Maslow. Essa corrente filosófica vê o homem como um ser em sua totalidade, ou seja, não só corpo, mas também alma e espírito. Veja, aqui não estou falando em dogmas de igrejas e doutrinas. Estou falando sobre conexão com aquilo que nos integra, aquilo que dá uma liga à nossa vida, isto é, energias, vibrações conectando o indivíduo, aumentando a experiência e a percepção de totalidade.

É comum pessoas sentirem-se conectadas à natureza quando estão diante do mar, sentindo uma energia profunda, ou quando estão em um local com muitas árvores, vivenciando a paz da natureza. Outras pessoas, em suas reuniões religiosas de fé, notam algo muito maior, uma energia, uma profundidade, algo que transcende. Isso serve como base da psicologia transpessoal, que busca a verdade do ser, a profundidade do espírito e da mente. Tratando-se de ansiedade, é muito importante você compreender que existem vários recursos e que você não está sozinho.

Carl Rogers, um dos proponentes da abordagem centrada na pessoa, enfatizava a importância da autenticidade, da empatia e da aceitação incondicional como elementos-chave no processo terapêutico. Ele acreditava que ao proporcionar um ambiente de aceitação e compreensão genuína, os indivíduos podem explorar e resolver seus próprios problemas de maneira mais eficaz. Nesse contexto, a espiritualidade e a fé podem desempenhar um papel significativo como recursos internos que ajudam os indivíduos a encontrarem sentido e significado em suas experiências, fortalecendo o seu bem-estar emocional.

O PODER DA ESPERANÇA: LIÇÕES DO EXPERIMENTO DOS RATOS

O experimento conhecido como "Experimento da Esperança", conduzido por Curt Richter em 1957, lançou luz sobre o poder transformador da esperança em situações adversárias. Richter fez um teste com um recipiente de acrílico cheio de água para observar quanto tempo os ratos lutariam pela sobrevivência antes de se afogarem – um experimento sombrio por natureza. Inicialmente, a média de tempo de sobrevivência dos ratos foi de apenas 15 minutos.

No entanto Richter modificou a experiência ao "resgatar" os ratos no momento em que estavam prestes a desistirem e afogarem-se. Ele alimentou-os, permitindo que se recuperassem antes de colocá-los novamente na água. Surpreendentemente, os ratos que receberam essa segunda chance lutaram por até sessenta horas antes de sucumbirem, um aumento incrível de 24.000% em comparação com o teste inicial.

O que esse experimento revela é a influência crucial da esperança na resiliência e na vontade de viver. Ao serem resgatados e alimentados, os ratos desenvolveram a esperança de que poderiam superar a adversidade, o que os motivou a persistirem muito mais no segundo mergulho.

Essa lição não se restringe aos ratos. É uma reflexão poderosa sobre o potencial humano diante das dificuldades. Em tempos de desafios como a quarentena e a pandemia, podemos nos sentir submersos em um recipiente de água, lutando para não nos afogarmos na incerteza e sem medo. No entanto, temos que acreditar em nossos sonhos, pois eles têm o papel renovador de nossa força e esperança.

Também podemos encontrar inspiração nos nossos sonhos e em nossas metas e visões para o futuro. A esperança permite-nos recuperar o fôlego e perseverar mesmo diante das situações mais difíceis.

Portanto se os ratos puderam aumentar sua vida cerca de 22.000% com a esperança, imagine o que os seres humanos podem alcançar quando cultivam a esperança em suas mentes e em seus corações. Os sonhos, muitas vezes considerados sementes de esperança plantadas para o futuro, são, na verdade, a essência da vida humana.

DESVENDANDO OS GATILHOS DA ANSIEDADE: UMA ABORDAGEM PARA O AUTOCONHECIMENTO E A TRANSFORMAÇÃO EMOCIONAL

Então o que seriam esses gatilhos? Eles estão diretamente ligados a uma resposta mental que envolve emoções, pensamentos e comportamentos. Podem ser palavras, acontecimentos, pessoas, lugares ou algum fator que possa desencadear uma reação emocional, geralmente interligados com vivências passadas.

Os gatilhos emocionais podem ser tão intensos quanto negativos. Por exemplo, imagine que na infância você tenha sido mordido ou perseguido por um cachorro. Para algumas pessoas isso será uma experiência normal, mas para outras ficará gravado na memória como um trauma. Dependendo do caso, essas lembranças podem ficar no inconsciente por algum tempo, mas em algum momento podem emergir para o consciente. Às vezes, essas lembranças podem ser assustadoras só de se pensar nelas, desencadeando ansiedade.

Na psicoterapia enfatizamos a importância de ter consciência de onde vêm nossos gatilhos. Já ouviu o ditado que diz: "Para desarmar uma bomba você tem que conhecer a bomba?". Pois é assim com a ansiedade e seus gatilhos. Assim começa uma evolução e o paciente começa a dar significado às suas emoções, elevando-as a um nível de consciência racional.

Acredito que você já tenha passado ou presenciado alguma cena de uma pessoa tendo uma reação desproporcional com determinado ocorrido, ou um surto de raiva, ou uma explosão de choro, e você não entendeu o porquê de tudo aquilo. Pode ser que naquele momento essa pessoa tenha acessado esse gatilho emocional.

Com relação ao "tratamento", é importante que o paciente comece a ressignificar o passado, tentando entender que há uma maneira de trabalhar suas emoções a ponto de entender que ele está no livre controle das dores antigas. Lembro-me de um atendimento em que o paciente X trouxe uma fobia de elevador. Primeiramente, iniciamos o processo de dessensibilização e aproximação, e aí começamos a mapear o possível gatilho, que vinha de um trauma episódico. Foi uma transformação cognitiva para a felicidade do paciente.

Prefiro a simplicidade de um lanche com um pãozinho e manteiga, acompanhado por uma xícara de café, desfrutado em paz, do que o glamour de um jantar chique permeado pela ansiedade.

DESCOBRINDO OPÇÕES DE TRATAMENTO PARA A ANSIEDADE

Vou começar com um tratamento fundamental no processo de controle ou equilíbrio da ansiedade. É importante ressaltar aqui que não estou falando sobre "cura", uma vez que a ansiedade faz parte do conjunto de emoções inerentes à condição humana. Portanto quando menciono controle, estou abrindo um leque de possibilidades e tratamentos, como veremos a seguir.

Um tratamento imprescindível é a psicoterapia, que desempenha um papel crucial na vida do paciente, proporcionando entendimento sobre a ansiedade. Muitas vezes, é difícil para o paciente dimensionar sua própria ansiedade sozinho. Com a ajuda do profissional de saúde mental, ele começa a desenvolver recursos internos para compreender os gatilhos, investigar a raiz do problema e compreender o que realmente desencadeia suas crises.

Na psicoterapia, o paciente terá a oportunidade de ampliar sua visão sobre suas questões, realizando um mergulho interno no autoconhecimento. Esse processo resultará em uma maior conscientização em vários aspectos de sua vida. Estudos indicam que a psicoterapia é o tratamento mais indicado, especialmente devido à possibilidade de combiná-lo com outros tratamentos, como intervenção medicamentosa e outras técnicas.

O psicólogo atua como um guia, ajudando o paciente a compreender o que está realmente acontecendo com suas emoções e com seu corpo. Isso proporciona ao indivíduo uma sensação de segurança e confiança.

Na Psicologia existem diversas abordagens, cada uma com suas técnicas e seus pontos fortes. É importante que o paciente sinta-se confortável com o estilo terapêutico do psicoterapeuta e saiba que um medicamento nem sempre é eficaz para todas as pessoas, o mesmo ocorrendo com as abordagens terapêuticas.

Algumas pessoas podem preferir serem tratadas por profissionais que seguem uma abordagem Gestalt ou a psicanálise, enquanto outras podem se identificar mais com a TCC ou com a Abordagem Centrada na Pessoa (ACP), entre outras. Todas as abordagens têm seu valor e os resultados do tratamento dependem da resposta individual do paciente ao processo terapêutico. Vale ressaltar que os resultados não são imediatos e as melhorias serão percebidas em diferentes estágios do tratamento, que muitas vezes é de médio a longo prazo, dependendo do caso.

É crucial que o paciente esteja comprometido com o tratamento, pois não há solução eficaz sem o seu engajamento, especialmente quando se trata de ansiedade, e reconheça que a jornada para superá-la requer dedicação e comprometimento. A aliança terapêutica desempenha um papel fundamental, com estratégias sendo desenvolvidas em conjunto entre o profissional de saúde mental e o paciente, visando alcançar os resultados desejados.

Cuidar da ansiedade não é uma ciência exata. Durante o tratamento, ajustes podem ser necessários e a mudança é inevitável. Como disse Albert Einstein: "Loucura é fazer a mesma coisa repetidamente e esperar resultados diferentes". Muitas vezes, estamos condicionados a reagir de determinada maneira, mas é possível escolher mudar essa dinâmica.

No processo terapêutico, o paciente é incentivado a enfrentar suas situações desafiadoras. Em alguns momentos pode haver uma forte resistência por parte dele, o que pode gerar sentimentos de fracasso e inferioridade, aumentando ainda mais a ansiedade. Quando o paciente começa a questionar e a compreender suas emoções, ele torna-se mais confiante. Esse é o ponto de virada psicológico em que o indivíduo percebe que está no controle de sua vida e não é dominado por suas emoções.

Não subestime sua força interior. Você é capaz de enfrentar e superar sua ansiedade. Confie em si mesmo e desafie seus medos com determinação.

PERSISTINDO ALÉM DOS LIMITES: UMA JORNADA SUPERANDO A ANSIEDADE

Acredito que, assim como eu, você já deve ter ouvido várias vezes em sua vida: "Persista, não desista". Tratando-se de ansiedade, essa é uma das melhores frases para combater esse mal. Por mais desafiador que seja, é crucial persistir, mesmo diante das adversidades que surgirem ao longo do caminho.

É evidente que a vida não se resume apenas a vitórias. Ao longo dela você enfrentará quedas, fracassos e dores. Porém é importante resistir e persistir. Em muitas ocasiões, no consultório, ouvi a frase: "Às vezes, dá vontade de desistir de tudo". Certamente, desistir é uma opção. Mas a pergunta é: "Será que você está optando pela solução mais fácil? E do ponto de vista da superação, será a mais gratificante?". Antes de desistir, experimente, esforce-se ao máximo, dê seu 100%, vá além dos seus limites.

Segundo Albert Bandura, um renomado psicólogo conhecido por sua teoria da autoeficácia, a persistência é uma habilidade crucial para superar desafios e alcançar objetivos. Ao persistir diante das adversidades, você fortalece sua crença em sua própria capacidade de lidar com as situações difíceis, o que pode aumentar sua resiliência e sua autoconfiança.

RESILIÊNCIA EM FOCO: LIÇÕES DE FORÇA E SUPERAÇÃO DE PESSOAS FAMOSAS

Walt Disney: uma jornada de resiliência

Com certeza, você já ouviu falar ou sonhou em conhecer o majestoso castelo da Disney World, um símbolo de um império que transcende gerações. Porém poucos conhecem a história por trás da trajetória de seu visionário fundador. Walter Elias Disney, mais conhecido como Walt Disney, enfrentou uma série de desafios antes de alcançar o sucesso.

Começou sua jornada com um golpe duro: perdeu seu emprego em um jornal. Seu chefe duvidava da sua capacidade de contribuir com grandes ideias, rotulando-o como preguiçoso e sem criatividade. Apesar dos reveses, Walt não desistiu. Tentou a carreira de ator, trabalhou como telegrafista e até mesmo cogitou ser diretor de filmes.

Juntamente ao seu irmão e um amigo, abriu uma produtora e enfrentou dificuldades financeiras ao tentar promover o famoso Mickey Mouse. Muitos afirmavam que uma animação estrelada por um rato jamais seria bem-sucedida. No entanto Walt persistiu incansavelmente em seu sonho.

Sua persistência finalmente rendeu frutos quando Mickey Mouse tornou-se um sucesso estrondoso. A partir daí, Walt criou uma infinidade de personagens amados pelo mundo todo. Sua maior conquista foi a abertura do parque Disney World, que se tornou um sucesso global indiscutível.

Em suas próprias palavras, Walt Disney afirmou: "A maneira certa de começar é parar de falar e começar a fazer". Sua história é um testemunho vivo da verdadeira resiliência, inspirando gerações a perseguirem seus sonhos, independentemente dos desafios que surjam.

Albert Einstein: a força da determinação

Albert Einstein, um ícone mundialmente reconhecido como um dos maiores gênios da história da ciência, nasceu em 14 de março de 1879, na cidade de Ulm, na Alemanha. Influenciado por seu pai e tio, ambos engenheiros elétricos, Einstein demonstrou interesse precoce por assuntos científicos.

Embora tenha escrito quatro artigos de grande relevância durante seus estudos na faculdade, Einstein não era considerado um aluno brilhante. Ele enfrentou dificuldades em memorizar e acompanhar certas matérias, chegando a ser repreendido por um professor de língua grega, que duvidava de seu potencial e desencorajava sua ambição.

Aos 16 anos, Einstein foi reprovado na tentativa de ingressar na Escola Politécnica de Zurique devido ao seu desempenho insatisfatório em Botânica e Zoologia. Determinado a aprimorar seus conhecimentos, ele buscou reforço na área de humanas.

Após concluir sua formação acadêmica, Einstein trabalhou burocraticamente em um escritório de patentes, uma posição distante de seu sonho de tornar-se professor universitário. Durante suas horas vagas, ele dedicava-se à escrita de artigos acadêmicos, alguns dos quais se tornaram obras-primas que revolucionaram a física, incluindo sua famosa Teoria da Relatividade.

Sua persistência e seu foco incansáveis levaram-no a obter reconhecimento mundial, culminando com o Prêmio Nobel de Física em 1921. Esse reconhecimento abriu as portas para ele ingressar nas principais universidades do mundo. Embora tenha enfrentado rejeições e obstáculos em sua jornada, Einstein recusou-se a aceitar rótulos que pudessem impedi-lo de perseguir seus sonhos, deixando um legado de determinação e coragem para as gerações futuras.

Steven Spielberg: a obstinação em pessoa

Renomado diretor de cinema, é um exemplo inspirador de perseverança e determinação. Antes de tornar-se um dos cineastas mais aclamados de todos os tempos, Spielberg enfrentou uma série de desafios e rejeições em sua carreira. No início de sua jornada, ele foi rejeitado duas vezes pela Escola de Cinema da University of Southern California. Mas isso não o impediu de seguir sua paixão pelo cinema.

Com apenas 21 anos, Spielberg dirigiu seu primeiro longa-metragem, *Encurralado*, que foi bem recebido pela crítica. Contudo, foi seu segundo filme, *Tubarão*, lançado em 1975, que o levou para o estrelato. Apesar dos problemas de produção e dos obstáculos enfrentados durante as filmagens, Spielberg perseverou e entregou um filme que se tornou um marco no cinema de suspense.

Mesmo após alcançar o sucesso, Spielberg continuou enfrentando desafios em sua carreira. Ele enfrentou críticas por seus filmes, fracassos de bilheteria e momentos de autodúvida. Mas sua paixão pelo cinema e sua determinação inabalável levaram-no a continuar buscando projetos inovadores e desafiadores.

Ao longo dos anos, Spielberg dirigiu uma série de filmes aclamados, incluindo *E.T. – O extraterrestre*, *A lista de Schindler*, *Jurassic Park* e *O resgate do soldado Ryan*, entre outros. Sua habilidade em contar histórias e sua visão única transformaram-no em uma lenda viva do cinema.

A história de Steven Spielberg é um lembrete poderoso de que o sucesso muitas vezes vem acompanhado de desafios e rejeições. No entanto é a capacidade de perseverar e aprender com essas experiências que nos permitem alcançar nossos objetivos mais ambiciosos. Spielberg é um exemplo de como a paixão, a determinação e a resiliência podem levar-nos além de nossos limites e ajudar-nos a alcançar o extraordinário.

DESVENDANDO A ANSIEDADE: PRÁTICAS E ESTRATÉGIAS PARA ENCONTRAR A PAZ INTERIOR

Enfrentar a ansiedade diariamente é fundamental, mas requer aprendizado e prática contínuos. Nessa jornada, técnicas como a respiração e o *mindfulness* destacam-se como aliadas poderosas no controle emocional e físico.

Respiração como técnica de controle

A respiração é uma forte ferramenta que influencia diretamente nosso estado emocional e físico. Seus efeitos no sistema nervoso são profundos, reduzindo sintomas de ansiedade, como taquicardia e sudorese. Por meio de uma respiração consciente e profunda, conseguimos acalmar nossa mente e nosso corpo, restaurando o equilíbrio em momentos de estresse.

Mindfulness

O *mindfulness*, ou atenção plena, é uma prática que nos convida a cultivar a consciência do momento presente. Ao direcionarmos nossa atenção para a experiência do aqui e agora, podemos reduzir a ruminação mental e os padrões automáticos de pensamento que alimentam a ansiedade. A técnica de respiração *mindfulness*, especificamente, permite-nos mergulhar ainda mais profundamente nesse estado de presença, conectando-nos com cada inspiração e cada expiração de forma intencional e serena.

Conclusão

Praticar regularmente técnicas como a respiração e o *mindfulness* ou ioga traz resultados eficazes no controle da ansiedade. Convido você a experimentar essas ferramentas e adaptá-las conforme suas necessidades individuais. Reserve alguns minutos do seu dia para praticar a respiração *mindfulness*, permitindo-se uma pausa tranquila para reconectar-se consigo e com o momento presente.

PRÁTICA DA RESPIRAÇÃO *MINDFULNESS*: RESERVE CERCA DE CINCO MINUTOS DO SEU DIA E SIGA ESTES PASSOS SIMPLES

1. Encontre um lugar tranquilo onde você possa sentar-se confortavelmente, de preferência em uma posição ereta, com as costas apoiadas.
2. Feche os olhos suavemente e comece a direcionar sua atenção para dentro, conscientizando-se do seu corpo e da sua respiração.
3. Coloque uma mão sobre sua barriga e a outra na altura do seu peito para sentir as sutis mudanças durante a respiração.
4. Concentre-se na sua respiração, inspirando profundamente pelo nariz e sentindo o ar expandir seus pulmões e inflar sua barriga.
5. Segure a respiração por quatro segundos, permitindo-se sentir a plenitude do momento.

6. Em seguida, expire completamente pela boca, liberando todo o ar de forma relaxada e consciente.
7. À medida que você inspira e expira, mantenha sua atenção focada na sensação da respiração, deixando de lado qualquer pensamento que surja.
8. Repita esse ciclo de respiração por oito vezes, permitindo-se conectar profundamente com o ritmo natural do seu corpo.
9. Ao final da oitava respiração, abra os olhos suavemente, retomando sua consciência do ambiente ao seu redor de forma gradual e tranquila.

DESPERTE SUA CONSCIÊNCIA: A ARTE DO QUESTIONAMENTO

Neste ponto, não estou falando de técnicas complexas ou de exercícios elaborados. Trata-se de um poderoso mecanismo que atua com eficácia diante da ansiedade: a autoconsciência.

Identifique os sinais físicos e mentais que desencadeiam suas crises. Pergunte-se: quais são os verdadeiros gatilhos da sua preocupação e medo? Mais importante ainda, questione se realmente essas preocupações merecem tanto destaque e tanta relevância.

Encare essas questões com sinceridade e franqueza. Ao fazer isso, você permite a si mesmo enxergar além das emoções, guiado pela razão. Gradualmente, perceberá que estava ampliando desproporcionalmente os problemas. Ao ganhar consciência desse padrão de pensamento, você torna-se capaz de conviver melhor consigo mesmo e com suas emoções.

COMPREENDER A ANSIEDADE: UMA NECESSIDADE PARA VOCÊ E PARA QUEM CONVIVE COM PESSOAS ANSIOSAS

Haverá dias em que a insegurança e o medo baterão forte. Momentos em que, apesar de todo seu esforço, a vontade de chorar será intensa. Crises que abalarão sua autoestima e seus pensamentos excessivos de medo tomarão conta. Sentirá cansaço e exaustão pela dificuldade em dormir, às vezes confundida com preguiça, mas é a ansiedade se manifestando. Em certos momentos, sentirá vontade de afastar-se de tudo e de todos.

Mas lembre-se sempre de olhar para si com amor, pois você é único e incrível. Sua jornada até aqui foi marcada pela intensidade e agora é hora de transformar padrões. Não desista nunca.

DESVENDANDO OS BENEFÍCIOS DA PSICOTERAPIA: CAMINHOS PARA O AUTOCONHECIMENTO E CRESCIMENTO PESSOAL

A psicoterapia: navegando pelas águas do autoconhecimento e dos relacionamentos

Na jornada da psicoterapia, o psicólogo atua como um guia estratégico, fornecendo ferramentas para que o paciente explore além de seus problemas. Por meio desse processo, o indivíduo é capacitado a identificar diversas possibilidades de resolução ou de aceitação de suas situações emocionais e comportamentais.

Ao examinarmos as relações humanas à luz da filosofia existencialista de Sartre, entendemos que somos livres para escolher, o que confere sentido à nossa existência. Nesse contexto, é reconhecer a importância dos relacionamentos saudáveis para o bem-estar emocional.

Embora a interação social não seja uma imposição, é essencial para nossa integração na sociedade. Seja no âmbito acadêmico, profissional ou pessoal, a qualidade dos nossos relacionamentos influencia diretamente em nossa felicidade e realização pessoal.

Ao promover o autoconhecimento, a psicoterapia capacita o indivíduo a participar de grupos diversos e a construir relações mais significativas. Esse processo fortalece sua capacidade de lidar com julgamentos externos, comuns em pessoas ansiosas, e promove maior flexibilidade emocional e tolerância.

À medida que o paciente mergulha em si mesmo e compreende seus traumas e medos, os desafios sociais tornam-se mais manejáveis. Assim, a psicoterapia não apenas suaviza as intensidades emocionais, mas também facilita o desenvolvimento de relacionamentos mais autênticos e satisfatórios.

Sou imensamente grato por ter me guiado nos momentos de ansiedade, mesmo quando eles pareciam sem sentido. Foi exatamente nesses momentos que mais necessitei do apoio de todos ao meu redor. Sonho com um mundo em que a dor do outro tenha significado, em que possamos compreender e acolher uns aos outros. A ansiedade não é uma escolha, é uma condição que simplesmente sentimos, uma parte complexa e desafiadora da jornada humana.

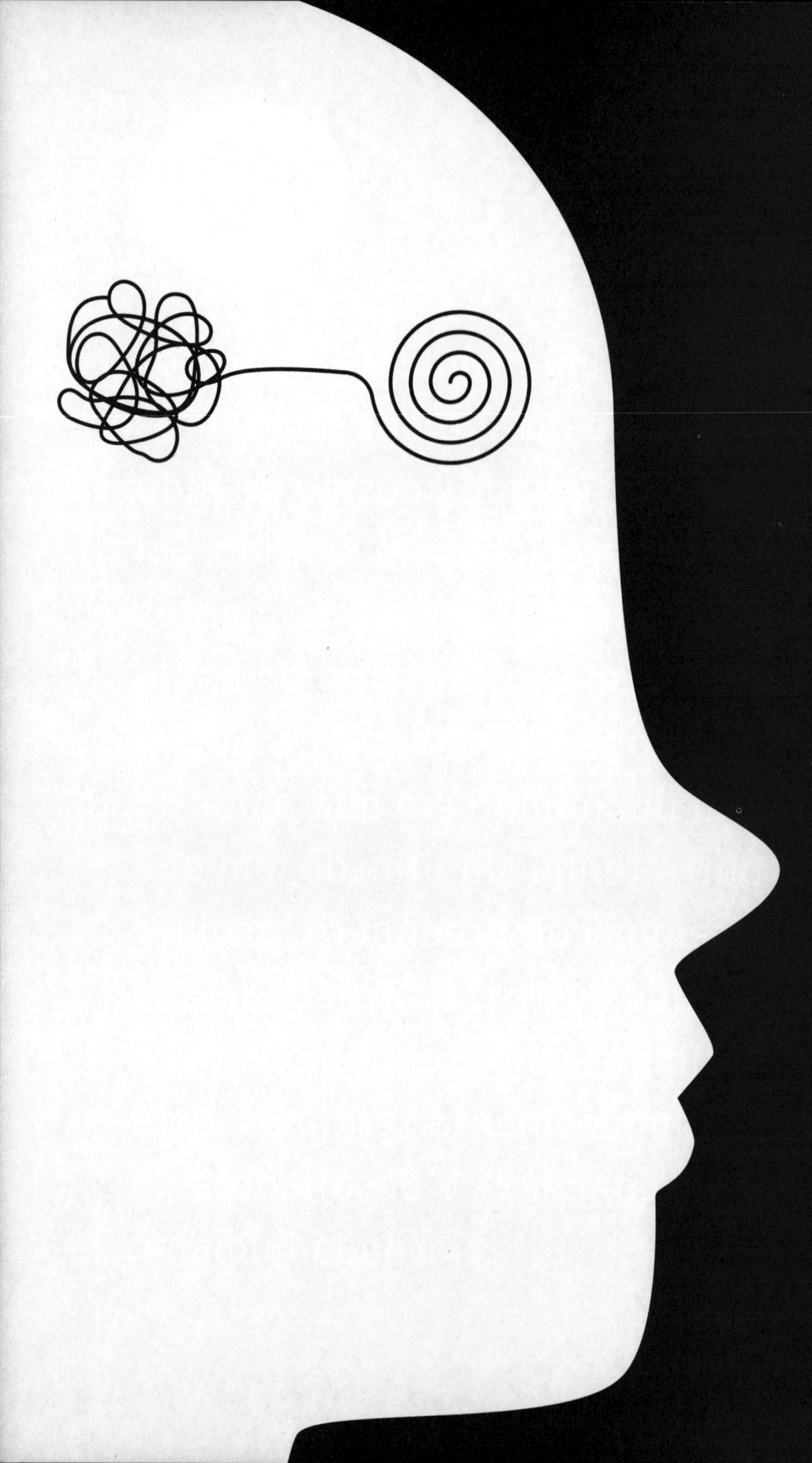

2

Eu resolvi dar um basta!

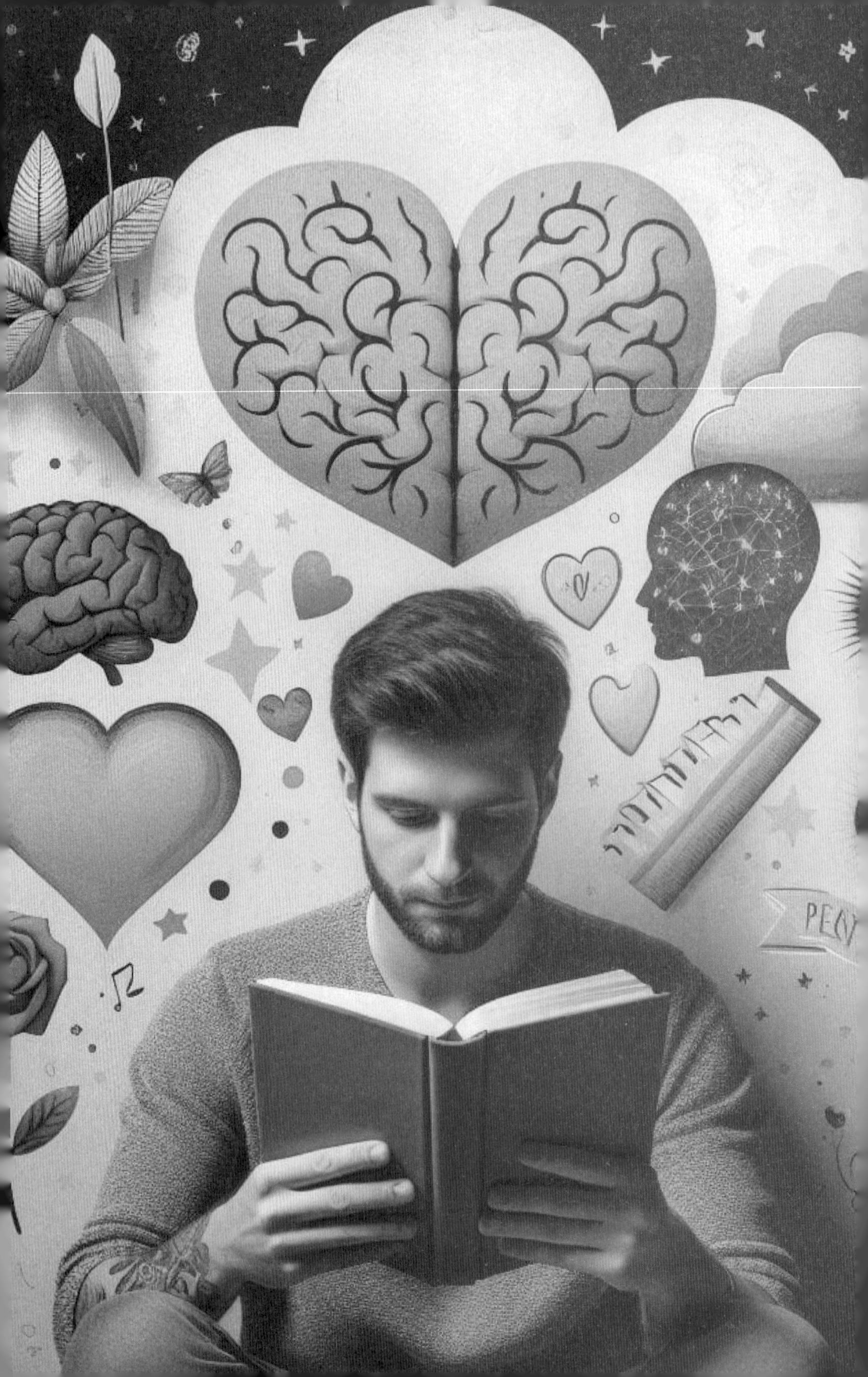

É evidente que em um mundo tão competitivo, em que a pressão no trabalho é constante e as exigências são altas, inevitavelmente enfrentamos impactos emocionais. Esses efeitos não se restringem apenas ao ambiente profissional, eles estendem-se para todas as áreas da vida cotidiana.

Em nossa jornada somos apresentados a uma ampla gama de sentimentos. Podemos nos sentir nas alturas, flutuando no céu, em um momento, e em questão de instantes mergulharmos nas profundezas do inferno mental. Experimentamos a bondade e a compaixão, assim como uma enxurrada de emoções maravilhosas. No entanto, com a mesma rapidez, somos consumidos pela angústia e pela ansiedade ou estresse, sentindo-nos como se estivéssemos presos em uma panela de pressão emocional prestes a explodir a qualquer momento.

A ansiedade pode manifestar-se de maneira sutil ou avassaladora, abalando nossas estruturas emocional e mental. Podemos ficar presos em um ciclo angustiante de síndrome do pânico e depressão, questionando nossa própria capacidade de enfrentar nossos sentimentos.

Para o ansioso existe uma dualidade constante. A vida pode ser maravilhosa em alguns momentos, mas extremamente desafiadora em outros. Cada novo dia traz consigo uma incerteza, uma mistura contínua de esperança e de alerta.

Pôr fim à ansiedade requer estratégia, persistência e comprometimento consigo mesmo. Não é uma tarefa fácil; a ansiedade é como se fosse um vampiro sugando nossas energias vitais. Nesses momentos, empregamos todos os esforços necessários para equilibrar nossos níveis de ansiedade.

É importante lembrar que grande parte do sofrimento que experimentamos não está verdadeiramente ligada às circunstâncias externas, mas ao que se passa em nossa mente. Será medo de fracassar? Medo de desapontar os outros? Medo de ser rejeitado? Medo de não corresponder às expectativas de A ou B. O ciclo de preocupações excessivas acaba se tornando uma batalha mental e irracional.

Você pode ter medo de tornar-se um fracassado, mesmo que não seja um. Porém dar um basta significa deixar de tentar controlar tudo e todos ao seu redor, não alimentando o monstro voraz que habita sua mente. É preciso reconhecer que você sempre terá que enfrentar momentos desafiadores e posicionar sua mente como aliada, compreendendo que a vida é uma jornada cheia de altos e baixos.

Não se entregue ao isolamento pessoal. Mesmo nos momentos mais difíceis é importante continuar avançando. Pôr fim à ansiedade significa confrontar seus demônios internos, enfrentando o ruído incessante das dúvidas que querem se instalar em sua mente. Pode haver dias em que você só quer encolher-se debaixo das cobertas e desaparecer, mas saiba que não é o melhor caminho.

Imagine-se em uma guerra. Qual é o pior lugar para se estar? Certamente, no meio do fogo cruzado. Ficar parado é o pior lugar. Continue avançando, mesmo que pareça que está arrastando um peso enorme com você. Se necessário, peça ajuda e siga em frente.

Pôr fim à ansiedade não significa que ela desaparecerá para sempre, mas você será capaz de entender melhor suas causas e aprenderá a controlá-la em um nível aceitável. Você desenvolverá um respeito pelos seus próprios limites, mesmo que lentamente, e permitirá a si mesmo seguir em frente. E seguir em frente trará muitas descobertas. O mundo continuará existindo, independentemente dos desafios que você enfrentará. Portanto não vale a pena concentrar-se no que está além do seu controle. Foque apenas naquilo que você pode influenciar e mudar.

Lembre-se de que somos seres temporais, com uma passagem relativamente curta por este mundo. Então por que não aproveitar ao máximo essa jornada terrena, permitindo-se sorrir mais, viver mais e se importar menos?

Muitas vezes cobramos de nós mesmos sermos sempre fortes e indestrutíveis, como se controlar nossas emoções fosse uma tarefa simples. Mas não é. É importante estabelecer um diálogo interno com sua ansiedade, reconhecendo sua presença, mas não permitindo que ela impeça-o de seguir em frente.

EXPLORANDO OS TRANSTORNOS DE ANSIEDADE SEGUNDO O CID

Conforme a Classificação Internacional de Doenças, o chamado CID-10, o CID F41 engloba uma variedade de transtornos ansiosos. Esses transtornos manifestam-se de formas distintas, tanto psicológica quanto fisicamente. Vamos agora examinar mais de perto alguns dos transtornos de ansiedade mais comuns encontrados no meu consultório:

- Transtorno do Pânico (TP).
- Transtorno de Ansiedade Generalizada (TAG).
- Transtorno de Ansiedade Social ou Fobia Social (TAS).
- Transtorno de Estresse Pós-Traumático (TEPET).
- Fobia Específica.

Ao destacar esses transtornos de ansiedade, busco mostrar como eles afetam os indivíduos, causando angústia e aflição. Embora haja uma variedade de transtornos, o foco aqui é oferecer apenas uma visão geral de cada um deles, para manter nosso objetivo de compreender a ansiedade e suas ramificações de forma ampla. Esses transtornos poderiam ser abordados de forma bem mais detalhada em obras específicas.

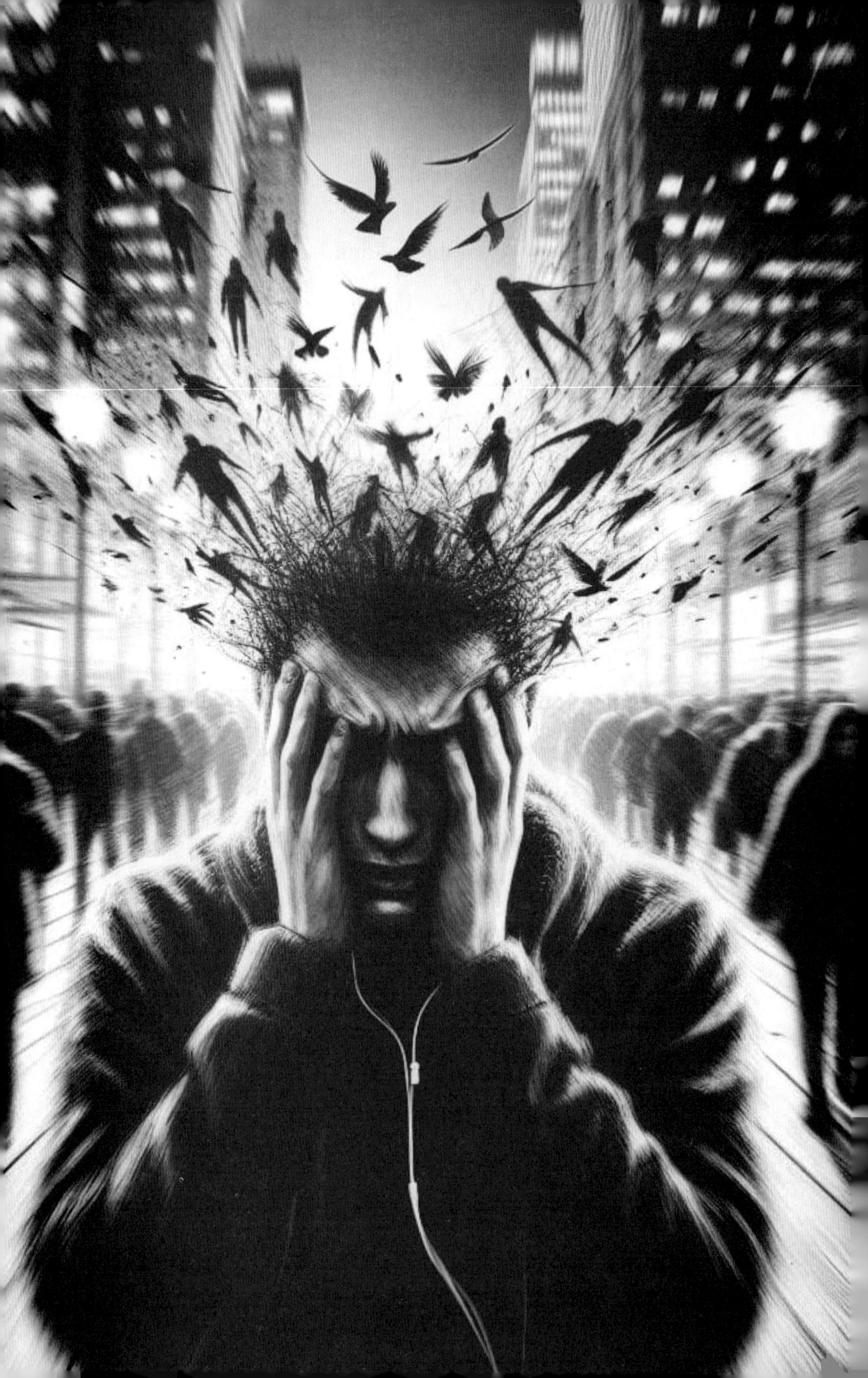

TRANSTORNO DO PÂNICO: ATAQUES DE PÂNICO

O Transtorno do Pânico é caracterizado pelo surgimento repentino de crises de medo intenso, conhecidas como ataques de pânico, sem uma causa específica ou aparente. Durante essas crises, os pacientes experimentam um desespero devastador, frequentemente acompanhado pelo temor da morte e da perda de controle, às vezes acreditando que estão à beira da loucura.

Embora as crises não representem perigo iminente de morte, são, sem dúvida, assustadoras. Os sintomas incluem falta de ar, dores no peito, respiração descompassada, calafrios, tonturas, sensação de irrealidade e asfixia.

De acordo com o Manual Diagnóstico e Estatístico de Transtornos Mentais (DSM), as causas do Transtorno do Pânico ainda são desconhecidas, embora estudos sugiram uma combinação de fatores, como estresse agudo ou crônico, predisposição genética, traços de personalidade suscetíveis ao estresse e alterações na função cerebral.

As crises geralmente duram de 10 a 30 minutos, podendo ocorrer mais de uma vez por semana, e são tão angustiantes que o simples pensamento de ter outro ataque pode gerar pavor.

Estratégias para aliviar os sintomas de uma crise de pânico

- Pratique a consciência do momento presente para distinguir entre o real e o que sua mente está criando.
- Utilize a técnica de respiração diafragmática: inspire profundamente pelo nariz e expire lentamente pela boca.
- Procure a ajuda de um psicólogo para entender as causas dos ataques e desenvolver estratégias para lidar com eles.
- Em alguns casos, um acompanhamento psiquiátrico pode ser necessário, incluindo tratamento medicamentoso.
- Exercite-se regularmente para liberar hormônios que promovem o bem-estar.
- Evite o consumo de álcool, cafeína, cigarros e drogas.
- Priorize a qualidade do sono para melhorar seu estado emocional.

É essencial oferecer apoio empático aos pacientes, que muitas vezes enfrentam sentimentos de culpa e desamparo. O suporte da família e dos amigos desempenha um papel fundamental, mas o acompanhamento profissional, tanto de psicólogos quanto de psiquiatra, é crucial para o tratamento adequado do Transtorno do Pânico.

TRANSTORNO DE ANSIEDADE GENERALIZADA (TAG): QUANDO A PREOCUPAÇÃO TORNA-SE EXCESSIVA

O Transtorno de Ansiedade Generalizada (TAG) é um dos transtornos de ansiedade mais comuns observados nos consultórios, caracterizado por uma preocupação excessiva e persistente, mesmo em situações consideradas normais. Embora sua causa não seja completamente compreendida, fatores ambientais, genéticos e experiências traumáticas na infância podem desempenhar um papel significativo no seu desenvolvimento.

Uma das principais características do TAG é a tendência do paciente a entrar em um ciclo de preocupação constante, abrangendo diversas áreas da vida. Os sintomas podem variar, mas incluem tensão muscular, estado de alerta constante, distúrbios gastrointestinais, irritabilidade, dificuldade para dormir, problemas de concentração e taquicardia.

Estratégias e tratamento

Dada a natureza debilitante do TAG, é fundamental buscar intervenção profissional para lidar com as preocupações excessivas e os sintomas associados. Seguem algumas estratégias e alguns tratamentos comuns:

- Treine sua mente para adotar perspectivas diferentes diante de situações estressantes, buscando visualizá-las por diversos ângulos.
- Relativize a importância atribuída a eventos específicos, reconhecendo que nem tudo merece a mesma quantidade de preocupação.
- Adote um estilo de vida mais saudável, incluindo momentos de lazer e atividade física regular.
- Evite o consumo de substâncias como cafeína, drogas ilícitas e refrigerantes, especialmente durante picos de ansiedade.

- Pratique a consciência plena (*mindfulness*), focando no presente e reconhecendo seus recursos para lidar com os desafios.

Ao elevar sua consciência para viver no aqui e agora, você pode aprender a gerenciar melhor o TAG e encontrar um equilíbrio emocional mais estável. Lembre-se de que buscar ajuda profissional é essencial para desenvolver estratégias personalizadas de enfrentamento e promover o bem-estar emocional em longo prazo.

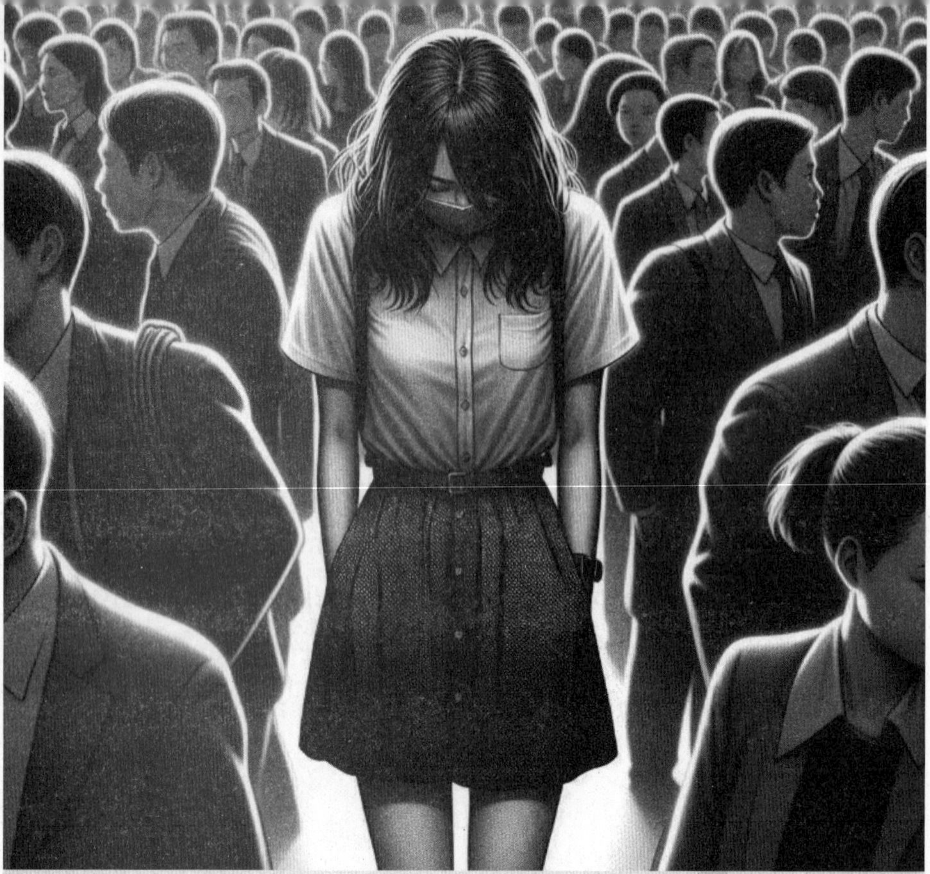

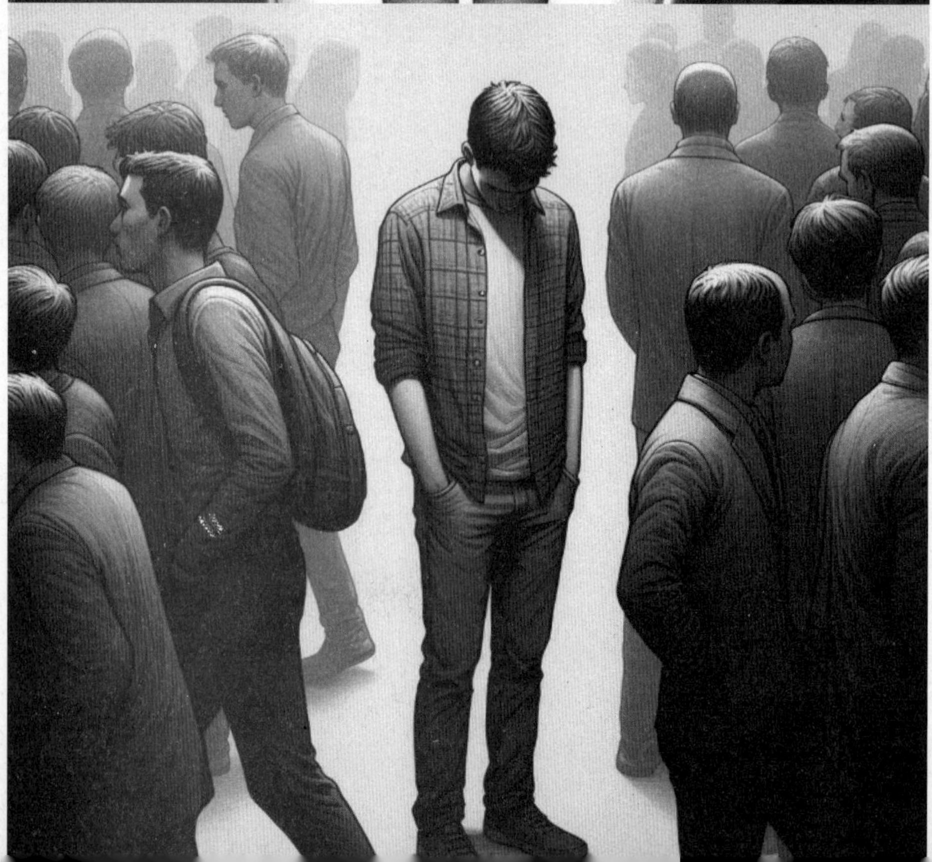

TRANSTORNO DE ANSIEDADE SOCIAL (TAS) OU FOBIA SOCIAL: QUANDO O MEDO DO JULGAMENTO ALHEIO TORNA-SE PARALISANTE

O Transtorno de Ansiedade Social (TAS), também conhecido como Fobia Social, é caracterizado por um medo intenso e persistente de situações sociais ou de desempenho que envolvam a possibilidade de avaliação negativa por parte dos outros. Essa ansiedade pode manifestar-se em diversos contextos, como em festas, reuniões, apresentações públicas ou até mesmo em interações cotidianas, como falar ao telefone ou comer em público.

Sintomas comuns

Os sintomas do TAS variam de pessoa para pessoa, mas incluem:

- Tremores.
- Rubor facial.
- Sudorese excessiva.
- Taquicardia.
- Dificuldade em manter contato visual.

- Pensamentos catastróficos sobre o que os outros estão pensando.
- Evitação de situações sociais.

Estratégia e tratamento

O tratamento do TAS geralmente envolve uma abordagem multimodal que combina terapia, técnicas de exposição gradual e, em alguns casos, medicamentos. Estão listadas a seguir algumas estratégias que podem ajudar no gerenciamento do transtorno:

- A TCC e a Gestalt terapia: são altamente eficazes no tratamento do TAS, ajudando os pacientes a identificar e a desafiar padrões de pensamento distorcidos e comportamentos de evitação.
- Exposição gradual: a exposição gradual a situações sociais temidas, em um ambiente seguro e controlado, pode ajudar os pacientes a enfrentarem seus medos e a reduzirem a ansiedade associada.
- Prática de habilidades sociais: aprender e praticar habilidades sociais – como iniciar uma conversa, fazer contato visual e expressar-se de forma assertiva – pode aumentar a confiança em situações sociais.

- Relaxamento e técnicas de respiração: práticas de relaxamento – como meditação, ioga e técnicas de respiração profunda – podem auxiliar na redução da ansiedade e promover o relaxamento físico e mental.
- Medicamentos: em alguns casos, medicamentos como antidepressivos ou ansiolíticos podem ser prescritos para ajudar a controlar os sintomas do TAS.

É importante ressaltar que o TAS é uma condição tratável e que buscar ajuda profissional é fundamental para desenvolver estratégias de enfrentamento e melhorar a qualidade de vida. Com o apoio adequado, os indivíduos com TAS podem aprender a gerenciar seus sintomas e sentirem-se mais confortáveis em situações sociais.

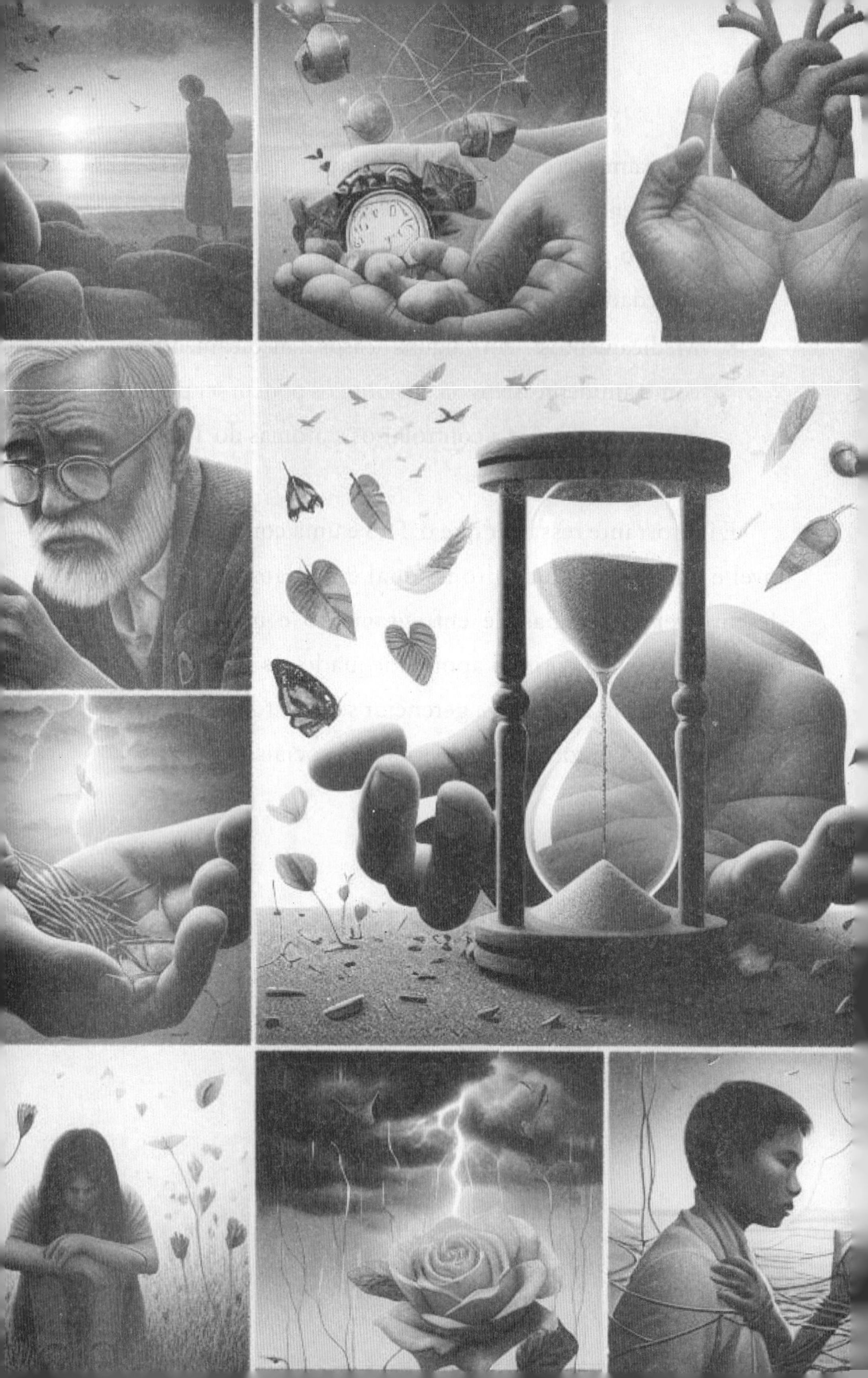

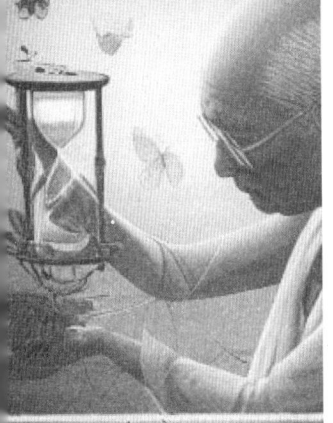

TRANSTORNO DE ESTRESSE PÓS-TRAUMÁTICO (TEPT): ENFRENTANDO OS FANTASMAS DO PASSADO

O Transtorno de Estresse Pós-Traumático (TEPT) é uma condição complexa que pode surgir após a exposição a eventos traumáticos, como acidentes, violência, abuso ou desastres naturais. Os sintomas do TEPT manifestam-se de várias maneiras e afetam profundamente a qualidade de vida do indivíduo.

Sintomas do TEPT

Os sintomas do TEPT incluem:
- *Flashbacks* intensos e recorrentes do evento traumático.
- Pesadelos e dificuldade para dormir.
- Hiper vigilância e sensação constante de perigo.

- Evitação de situações, lugares ou pessoas que lembrem o trauma.
- Sentimento de culpa, raiva ou vergonha.
- Alterações no humor, como irritabilidade ou apatia.
- Reações físicas intensas, como palpitações cardíacas ou sudorese excessiva.

Tratamento para o TEPT

O tratamento do TEPT geralmente envolve uma abordagem multidisciplinar, que pode incluir TCC, Gestalt terapia, psicanálise, medicamentos e outras intervenções terapêuticas. A seguir estão algumas estratégias que podem ajudar no manejo do TEPT.

- A Gestalt terapia, a psicanálise e a TCC: são abordagens eficazes para ajudar os pacientes a processarem e superarem o trauma, identificar pensamentos distorcidos e desenvolver habilidades de enfrentamento.
- Exposição gradual: a exposição gradual a lembranças do evento traumático, em um ambiente seguro e controlado, pode ajudar a reduzir a intensidade dos *flashbacks* e pesadelos.
- Medicamentos: certos medicamentos, como antidepressivos ou ansiolíticos, às vezes são prescritos

para ajudar a aliviar os sintomas do TEPT, especialmente quando combinados com a terapia.
- Autocuidado: práticas de autocuidado, como exercícios físicos regulares, meditação, respiração profunda e atividades de relaxamento ajudam a reduzir o estresse e proporcionam bem-estar emocional.
- Evitar substâncias prejudiciais: evitar o consumo de álcool, tabaco e drogas ilícitas é crucial para evitar o agravamento dos sintomas do TEPT e promover a recuperação.

Ressalto que o TEPT é uma condição tratável e que buscar ajuda profissional é o melhor caminho para iniciar o processo de controle das emoções. Com o apoio adequado e o desenvolvimento de estratégias de enfrentamento, os indivíduos com TEPT podem aprender a lidar com os desafios do trauma e reconstruir suas vidas de maneira significativa.

FOBIA ESPECÍFICA

Quando o medo torna-se paralisante

A fobia específica é um tipo de transtorno de ansiedade caracterizado por um medo intenso e irracional em relação a um objeto, animal, situação ou atividade específica. Esses medos podem ser tão intensos que interferem significativamente na vida diária da pessoa e causam grande sofrimento.

Características da fobia específica

As fobias específicas manifestam-se de várias maneiras e em relação a uma ampla gama de estímulos, incluindo:

- Medo de altura (acrofobia).
- Medo de espaços fechados (claustrofobia).
- Medo de aranhas (aracnofobia).
- Medo de voar (aerofobia).
- Medo de agulhas ou procedimentos médicos (tripanofobia).
- Medo de sangue (hemofobia).
- Medo de dirigir (amaxofobia).

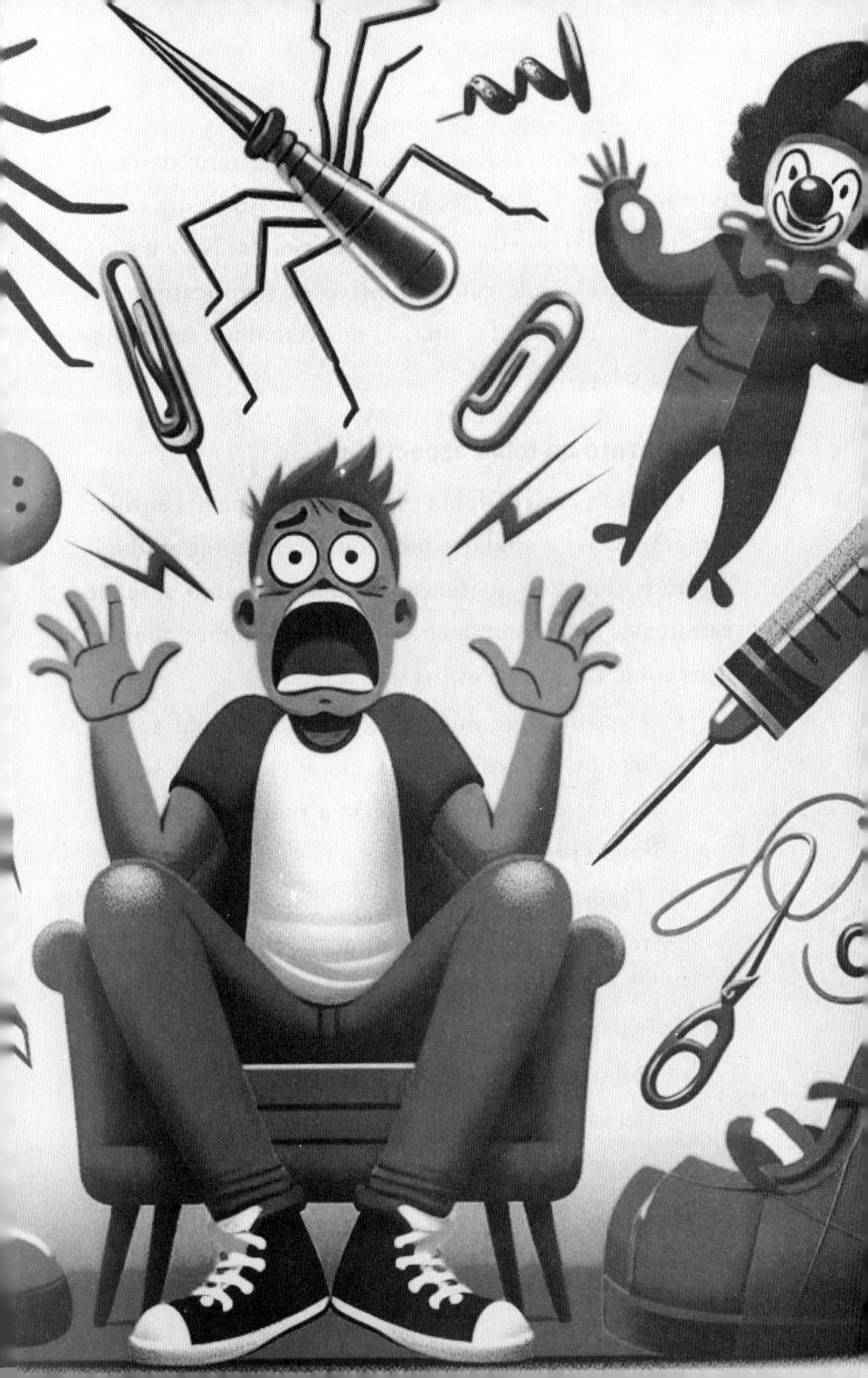

Esses medos acabam levando a uma série de comportamentos de evitação, nos quais a pessoa tenta evitar a todo custo o objeto ou a situação temida. No entanto, essa evitação pode causar limitações significativas em áreas importantes da vida, como trabalho, relacionamentos e lazer.

Tratamento da fobia específica

O tratamento da fobia específica geralmente envolve terapia, que visa ajudar o indivíduo a enfrentar gradualmente o objeto ou a situação temida enquanto aprende estratégias de enfrentamento eficazes. Algumas abordagens comuns incluem as listadas a seguir.

- Exposição gradual: a exposição gradual ao objeto ou situação temida, em um ambiente seguro e controlado, pode ajudar a pessoa a superar o medo progressivamente.
- Técnicas de relaxamento: aprender técnicas de relaxamento, como respiração profunda, meditação e relaxamento muscular progressivo pode auxiliar na redução da ansiedade associada à fobia.
- Reestruturação cognitiva: identificar e desafiar pensamentos irracionais relacionados à fobia ajuda a pessoa a desenvolver uma perspectiva

mais realista e menos temerosa em relação ao objeto ou situação temida.
- Gestalt terapia: a abordagem da Gestalt terapia pode ser eficaz no tratamento da fobia específica, ajudando o paciente a explorar suas experiências presentes, sensações e emoções em relação ao objeto ou à situação temida, e integrar essas experiências para promover a aceitação e a mudança.

Buscar ajuda profissional é fundamental para o tratamento eficaz da fobia específica. Com o apoio adequado e o desenvolvimento de estratégias de enfrentamento é possível superar os medos paralisantes e recuperar a qualidade de vida.

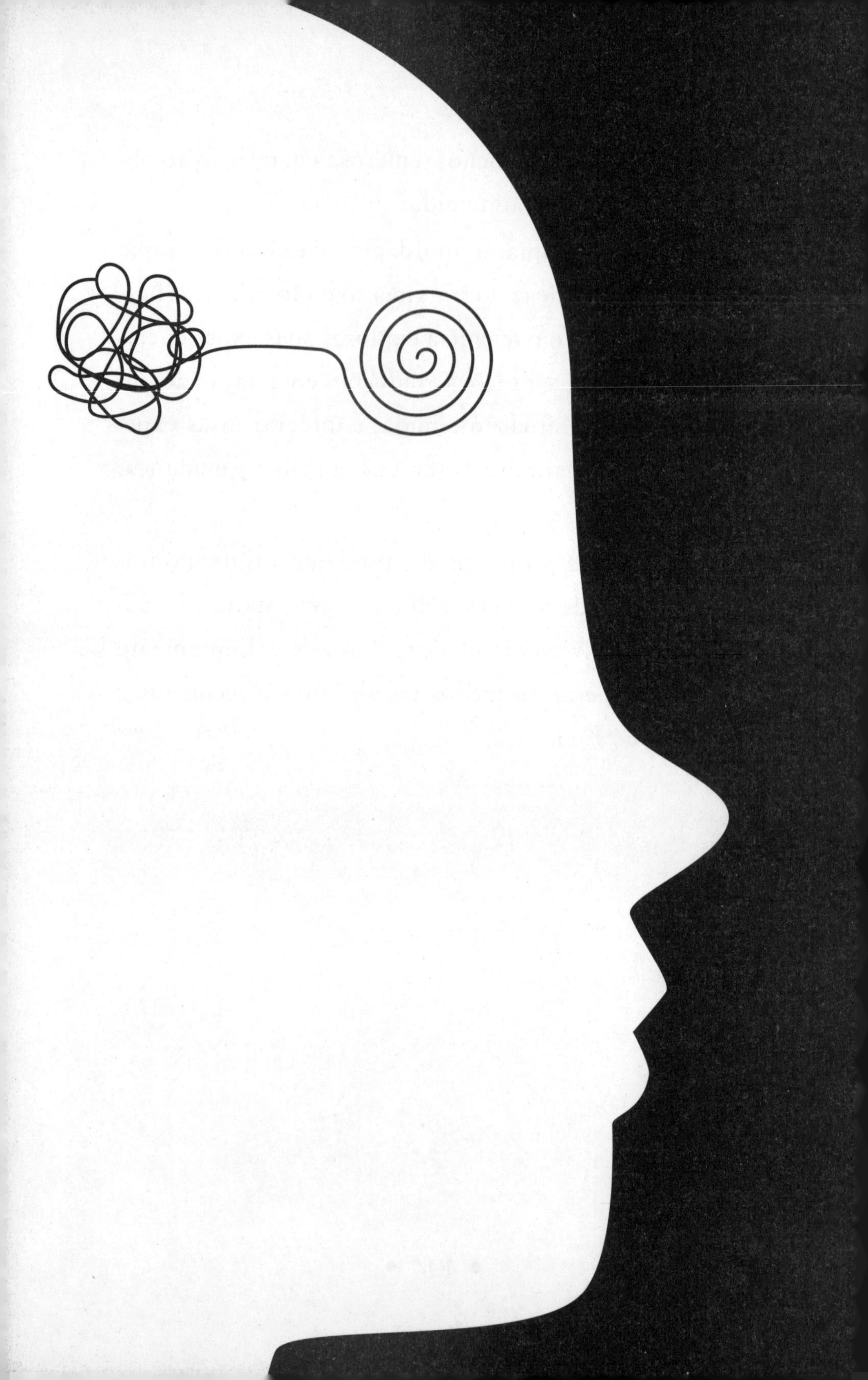

3

Sobre ansiedade e suas particularidades

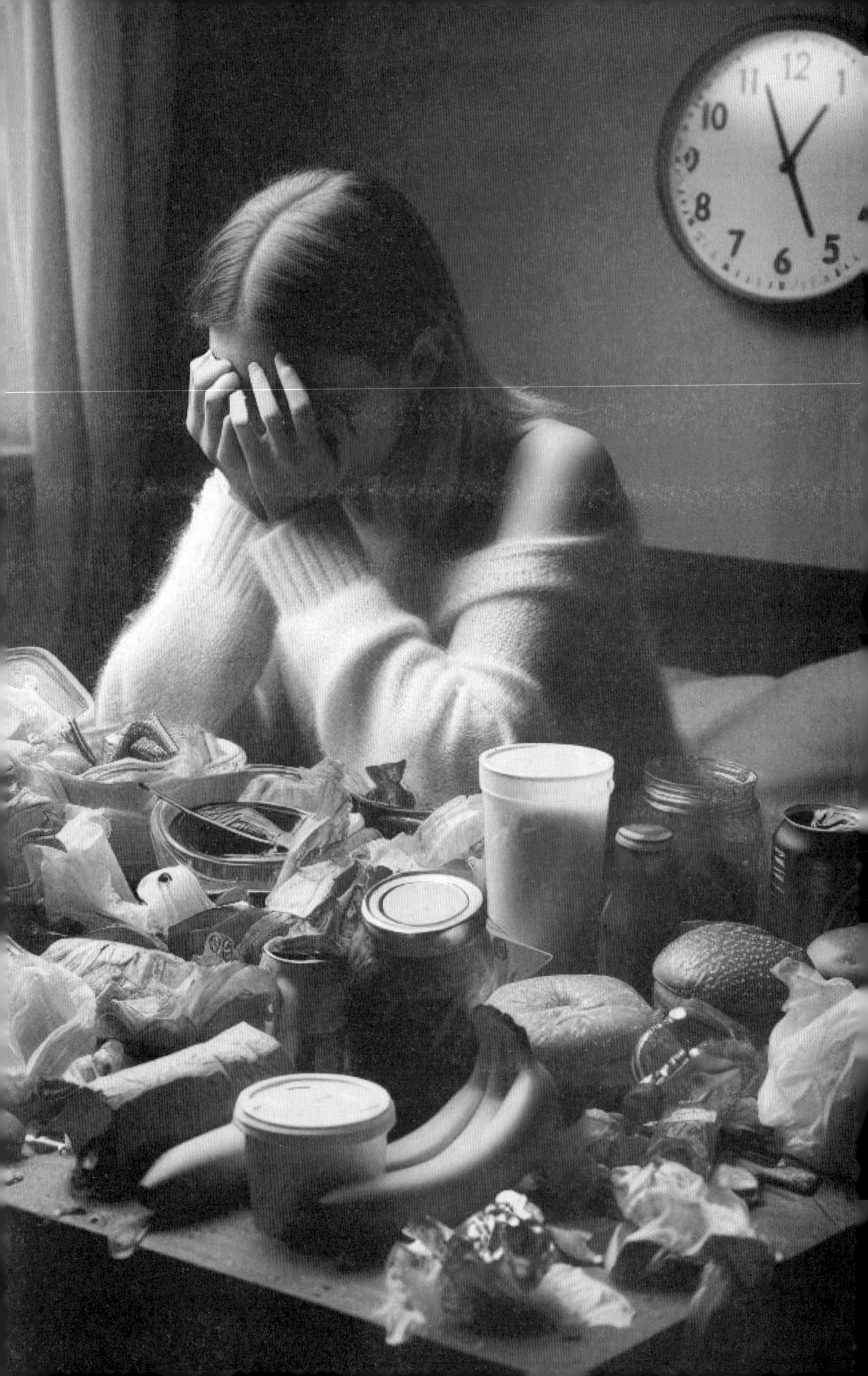

A ansiedade é uma companheira incômoda que se manifesta de várias maneiras, infiltrando-se em diferentes aspectos das nossas vidas. Vamos agora explorar algumas dessas facetas da ansiedade, sabendo que sua presença é muito mais vasta do que eu poderia abordar aqui.

A ANSIEDADE E A RELAÇÃO COM A COMPULSÃO ALIMENTAR

Em minhas consultas, frequentemente me deparo com pessoas que buscam avaliação psicológica antes de submeterem-se à cirurgia bariátrica. E o que percebo, com base em minha experiência clínica, é que os transtornos alimentares têm raízes profundas, muitas vezes enraizadas na esfera emocional e na ansiedade.

Aqui está o cenário: muitas vezes, a ansiedade age como uma mão invisível, impulsionando o indivíduo em direção à comida, não por necessidade física, mas como uma busca desesperada por conforto, distração ou alívio emocional. É como se a comida se tornasse uma espécie de muleta para suportar o peso dos sentimentos avassaladores que assolam a mente.

Imagine o ciclo vicioso: a ansiedade manifesta-se e logo em seguida surge o impulso de comer como uma tentativa desesperada de aplacar o desconforto emocional. Mas, ironicamente, esse alívio é temporário, e o que resta é um conflito interno devastador, misturando culpa, frustração e uma profunda sensação de desamparo.

Uma abordagem multidisciplinar para o controle

A jornada para superar a compulsão alimentar é uma estrada sinuosa que requer uma equipe de apoio robusta e diversificada. Aqui entram em cena os psicólogos, os nutricionistas, os educadores físicos e, em alguns casos, os psiquiatras.

É uma verdadeira orquestração de especialistas, cada um contribuindo com sua *expertise* para ajudar o indivíduo a compreender e a desmantelar os padrões de comportamento alimentar prejudiciais.

No cerne desse processo está a exploração profunda dos gatilhos emocionais que desencadeiam a compulsão alimentar. É preciso identificar os sentimentos subjacentes, os momentos de fragilidade emocional e as crenças limitantes que mantêm o ciclo destrutivo em movimento.

Uma jornada de autoconhecimento e transformação

Entender a conexão entre ansiedade e compulsão alimentar é o primeiro passo em direção ao ajustamento. É uma jornada de autoconhecimento, em que o indivíduo é convidado a mergulhar fundo em sua psique, desvendando os mistérios de sua relação com a comida e com suas próprias emoções.

Embora o caminho gere medo, é também profundamente libertador. À medida que o indivíduo aprende a reconhecer e a enfrentar suas ansiedades de frente, ele descobre um novo senso de poder e autenticidade. E com o apoio adequado, ele pode, aos poucos, libertar-se das amarras da compulsão alimentar, abraçando uma vida de equilíbrio, autoaceitação e bem-estar.

Estratégias para enfrentar a compulsão alimentar

1. **Prática da consciência plena** (*mindfulness*): aprender a estar presente no momento atual ajuda a interromper os padrões automáticos de comportamento alimentar. Ao desenvolver a consciência plena, aprende-se a reconhecer os sinais de fome real e distinguir entre a fome física e a fome emocional.

2. **Técnicas de relaxamento:** incorporar técnicas de relaxamento, como respiração profunda, meditação e ioga ajuda a reduzir os níveis de ansiedade e promove uma sensação de calma interior. Reserve alguns minutos todos os dias para praticar essas técnicas e observe como elas ajudam a acalmar sua mente e seu corpo.

3. **Identificação de gatilhos:** identificar os gatilhos emocionais que desencadeiam episódios de compulsão alimentar é fundamental para interromper o ciclo. Mantenha um diário alimentar e emocional para acompanhar seus padrões de alimentação e os sentimentos associados a eles. Isso pode ajudá-lo a identificar padrões recorrentes e

a tomar medidas para lidar com eles de maneira mais saudável.

4. **Substituição de comportamentos:** em vez de recorrer à comida como uma forma de lidar com a ansiedade, experimente encontrar outras atividades que ofereçam conforto e alívio emocional, como atividades físicas, *hobbies* criativos, conversas com amigos ou familiares de confiança, ou simplesmente passar tempo ao ar livre.

5. **Buscar apoio profissional:** não hesite em procurar a ajuda de profissionais qualificados, como psicólogos, nutricionistas e terapeutas especializados em transtornos alimentares. Eles podem fornecer apoio emocional, orientação prática e estratégias personalizadas para ajudá-lo a superar a compulsão alimentar e cultivar uma relação mais saudável com a comida e com você mesmo.

6. **Cultivar autocompaixão:** lembre-se de ser gentil consigo mesmo durante esse processo. A recuperação da compulsão alimentar geralmente é desafiadora e é importante reconhecer e aceitar que você está fazendo o melhor que pode. Cultive a autocompaixão e a gentileza em relação a si

mesmo, reconhecendo que você merece amor, cuidado e apoio, independentemente dos desafios que enfrenta.

LIDANDO COM A DISFUNÇÃO SEXUAL CAUSADA PELA ANSIEDADE

Além das preocupações comuns, como disfunção erétil, ejaculação precoce e frigidez, as disfunções sexuais representam uma área de grande demanda na clínica. No entanto a ansiedade também desempenha um papel significativo no desencadeamento e no agravamento desses problemas.

O nervosismo em relação ao desempenho sexual é uma questão de extrema relevância, especialmente entre os homens. O estresse gerado pela ansiedade, com seus picos intensos de adrenalina, pode resultar em dificuldades de ereção. Sem uma intervenção direcionada, esses problemas tendem a se agravar.

A presença da ansiedade nesse contexto delicado pode levar a uma angústia profunda diante do fracasso. O temor do desempenho inadequado acaba desencadeando um ciclo vicioso de ansiedade, afetando não apenas a função erétil, mas também contribuindo para a ocorrência de ejaculação precoce. Embora mais comum entre os jovens, essas questões também afetam adultos em diferentes estágios da vida.

Na terapia, é possível explorar e fortalecer a sexualidade do indivíduo, rompendo com a pressão por um desempenho sexual perfeito. Em alguns casos, a psicoterapia e o tratamento farmacológico são fundamentais para superar esse conflito. Aspectos biológicos e hormonais, como os níveis de testosterona, tiroxina4 e ocitocina, também devem ser considerados.

É importante destacar a complexidade da relação entre ansiedade e função sexual. Nem sempre as questões são exclusivamente biológicas ou psicológicas, elas podem envolver uma combinação de fatores. Por isso, uma avaliação minuciosa com um profissional de saúde mental ou um andrologista é essencial para identificar e abordar adequadamente esses problemas.

A ansiedade pode exercer um impacto significativo na esfera sexual, resultando em uma variedade de disfunções que afetam tanto homens quanto mulheres. É crucial entender como ela pode desencadear ou agravar esses problemas e aprender estratégias eficazes para lidar com eles.

Disfunção sexual e ansiedade: uma conexão intrincada

A relação entre ansiedade e disfunção sexual é complexa e multifacetada. A ansiedade pode interferir em diferentes aspectos da função sexual, incluindo desejo sexual, excitação, orgasmo e satisfação geral. Indivíduos ansiosos podem experimentar dificuldades em concentrarem-se no momento presente da atividade sexual, e preocupações excessivas quanto ao desempenho ou à imagem corporal, bem como sentimento de insegurança, são comuns.

Impacto na intimidade e nos relacionamentos

A disfunção sexual causada pela ansiedade não afeta apenas a saúde sexual individual. Ela também tem repercussões significativas nos relacionamentos interpessoais e na intimidade emocional. A falta de comunicação, a frustração sexual e o distanciamento emocional podem surgir como resultado desses problemas, afetando a qualidade e a harmonia dos relacionamentos íntimos.

Estratégias para enfrentar a disfunção sexual relacionada à ansiedade

1. **Comunicação aberta e empática:** estabelecer uma comunicação aberta e honesta com o parceiro sobre as preocupações e as dificuldades sexuais pode ajudar a reduzir a ansiedade e a promover maior compreensão e apoio mútuo.

2. **Prática da consciência plena na sexualidade:** incorporar técnicas de consciência plena (*mindfulness*) durante a atividade sexual auxilia na redução da ansiedade e aumenta a conexão com o corpo e com os sentimentos físicos, permitindo uma experiência mais satisfatória e gratificante.

3. **Exploração e experimentação:** experimentar novas abordagens e técnicas sexuais com o parceiro pode ajudar a quebrar padrões de comportamento estagnados e promover uma maior variedade e excitação na vida sexual.

4. **Busca por ajuda profissional:** um terapeuta sexual ou um profissional de saúde mental especializado em questões de sexualidade e ansiedade é capaz de fornecer orientação personalizada e

estratégias de tratamento eficazes para enfrentar a disfunção sexual.

5. **Redução do estresse e autocuidado:** priorizar o autocuidado, gerenciar o estresse e adotar hábitos de vida saudáveis, como exercícios físicos regulares, sono adequado e alimentação balanceada, ajudam a reduzir a ansiedade e a melhorar a saúde sexual e emocional.

Conclusão

A disfunção sexual causada pela ansiedade é desafiadora, mas é importante lembrar que existem recursos e suportes disponíveis para ajudar a enfrentar esses problemas. Com uma abordagem integrada e um compromisso com a saúde sexual e a emocional é possível superar os desafios e desfrutar de relacionamentos íntimos e satisfatórios.

PROCRASTINAÇÃO

Desvendando os desafios da procrastinação

Certamente, você já se pegou adiando algo com a famosa frase: "Vamos deixar para amanhã!", não é mesmo? Mas quem nunca procrastinou? Um dos aspectos mais comuns da ansiedade é o pensamento excessivo sobre uma tarefa ou uma obrigação, seja ela profissional, doméstica ou acadêmica. E, quando a procrastinação entra em cena, especialmente em tarefas com prazos, os níveis de ansiedade tendem a aumentar significativamente.

Costumo enfatizar durante os atendimentos que a procrastinação e a ansiedade têm uma parceria enorme, uma fortalecendo a outra.

Quando você adia uma tarefa, é comum permanecer pensando nela, o que gera sensações de mal-estar, incapacidade, angústia e, claro, ansiedade. Uma das melhores maneiras de compreender esse hábito é mergulhar fundo, descobrindo quais são os fatores que estão impedindo você de realizar suas tarefas e, então, montar um planejamento estratégico. É importante entender por que seu cérebro percebe essa tarefa como difícil.

Na teoria psicológica, o renomado psicólogo Albert Ellis propôs a Teoria do Racional-Emotiva Comportamental (TREC), na qual ele sugere que nossos pensamentos, crenças e interpretações sobre eventos influenciam diretamente nossas emoções e nossos comportamentos. Nesse contexto, a procrastinação pode ser vista como resultado de pensamentos distorcidos e irracionais sobre a tarefa em questão, gerando ansiedade e evitação.

Além disso, o psicólogo Piers Steel, em sua teoria sobre a procrastinação, destaca que ela está relacionada à impulsividade e à busca por gratificação imediata em detrimento de recompensas futuras. Essa busca por alívio temporário da ansiedade acaba reforçando o ciclo de procrastinação e aumentando os níveis de ansiedade ao longo do tempo.

Portanto, ao compreender os padrões de pensamento que alimentam a procrastinação e a ansiedade, é possível desenvolver estratégias eficazes para lidar com esses desafios. O apoio de um psicoterapeuta é importantíssimo para explorar esses padrões, promover a mudança de comportamento e desenvolver habilidades de enfrentamento que ajudem a superar a procrastinação e a reduzir a ansiedade associada a ela.

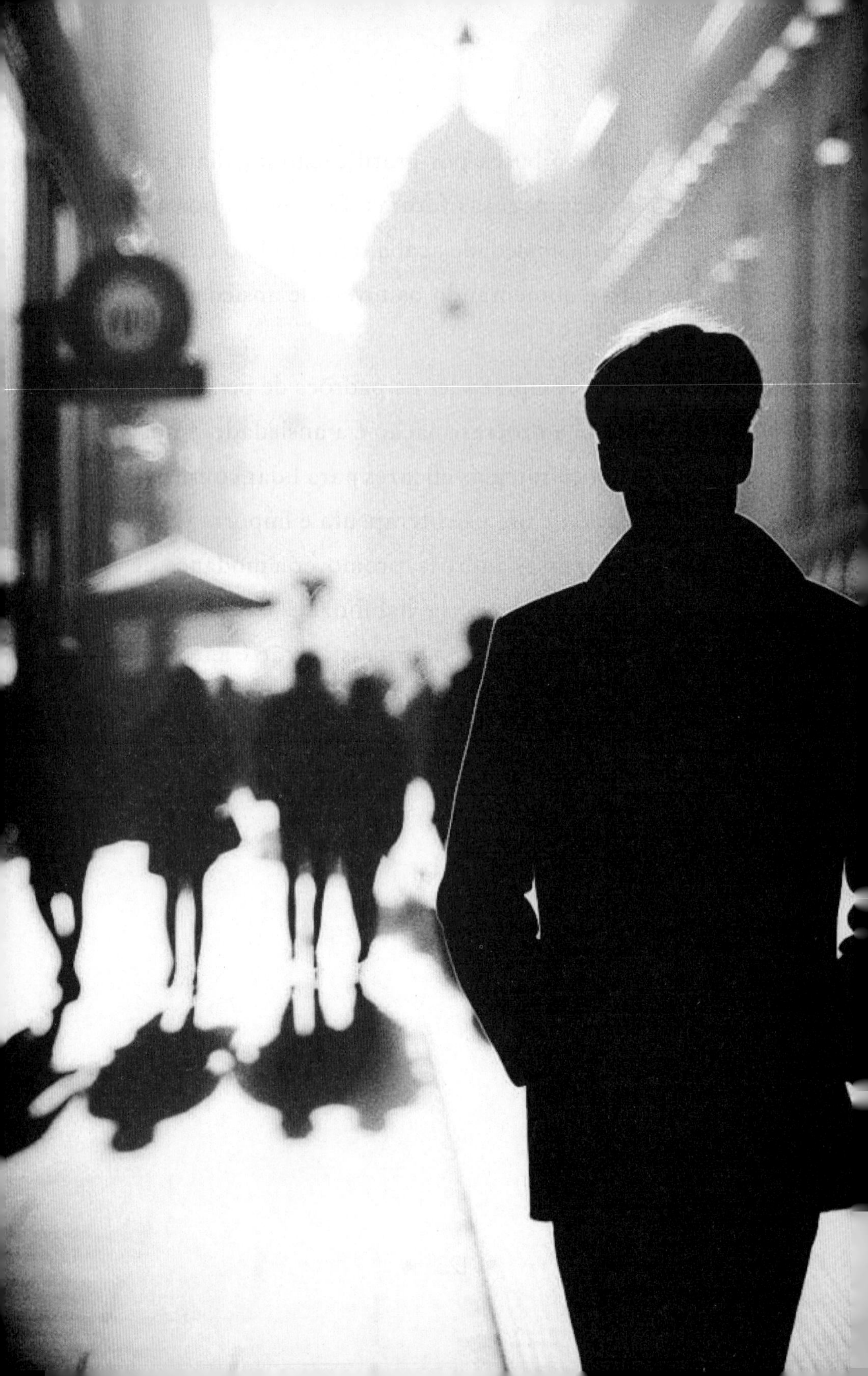

FALTA DE FOCO

Enfrentando a falta de foco em meio à ansiedade

A falta de foco é uma das maiores dificuldades quando se trata de realizar uma tarefa, especialmente quando não conseguimos concentrar nossos pensamentos devido a um turbilhão de preocupações intrusivas. Esta é mais uma faceta da ansiedade: uma inundação de ideias, algumas fixas e outras aleatórias, frequentemente carregadas de uma preocupação excessiva.

Os problemas decorrentes da falta de foco podem comprometer nosso desempenho, tanto na vida profissional quanto na acadêmica. Você já se viu saindo da sala para ir à cozinha pegar um objeto e, no caminho, esqueceu completamente o que ia fazer? Ou perdendo as chaves de casa e esquecendo onde as colocou? Ou, ainda, perdendo o foco ao enviar uma mensagem e se distraindo com outros assuntos?

A falta de concentração é uma constante na vida do ansioso. A ansiedade tende a criar situações imaginárias, desviando completamente o foco das nossas atividades diárias e gerando estresse. Para amenizar essa situação é importante adotar alguns mecanismos, como ter bolas de compressão para aliviar o estresse – para quem não conhece, as bolas antiestresse são objetos maleáveis projetados para aliviar a tensão, geralmente feitas de material maleável, como espuma ou gel, e são projetadas para serem manipuladas com as mãos; o ato de apertá-las pode liberar a tensão muscular, proporcionando alívio temporário do estresse –, fazer listas de tarefas com prioridades claras entre urgentes e importantes, e evitar tentar fazer tudo ao mesmo tempo. Faça pausas e questione a si mesmo qual é o seu foco naquele momento. Ainda, reduza o consumo de cafeína, que pode aumentar a ansiedade.

Uma estratégia eficaz para recuperar o foco é a técnica Pomodoro, que consiste em cronometrar 25 minutos de atividade intensa seguidos por 5 minutos de descanso. Durante os 25 minutos, mantenha-se focado na tarefa sem se distrair com redes sociais ou outras distrações. Quando o alarme tocar, aproveite os 5 minutos de descanso para relaxar. Vá repetindo esse ciclo, sendo cada ciclo um "pomodoro". Essa técnica é uma excelente ferramenta para aumentar a produtividade e reduzir a ansiedade relacionada à falta de foco.

EXPLORANDO A RELAÇÃO ENTRE ANSIEDADE E INSÔNIA

Como a ansiedade afeta o sono

A ansiedade tem um impacto significativo na qualidade e na duração do sono. Quando uma pessoa está ansiosa, seu sistema nervoso autônomo é ativado, resultando em um estado de alerta constante que dificulta o relaxamento necessário para ela adormecer. Além disso, os pensamentos intrusivos e as preocupações persistentes ocupam a mente, tornando difícil desligar-se o suficiente para adormecer.

Por exemplo, imagine uma pessoa que está se preparando para uma apresentação importante no trabalho. À medida que a data aproxima-se, ela começa a sentir uma crescente ansiedade em relação ao seu desempenho. À noite, quando tenta dormir, sua mente fica repleta de pensamentos sobre todas as coisas que podem dar errado na apresentação. Ela fica rolando na cama, incapaz de relaxar e adormecer, enquanto sua ansiedade continua a crescer.

Além disso, os hormônios do estresse, como o cortisol, afetam negativamente o ciclo do sono, interrompendo a fase Rapid Eye Movement (REM), do sono profundo. Isso pode levar a um sono de má qualidade e, quando a pessoa acorda, sente-se cansada e não revigorada. Em última análise, a ansiedade pode criar um ciclo de privação do sono e aumento da própria, tornando-se um desafio difícil de superar sem intervenção adequada.

Lembro-me de que uma vez estava conversando com um parente sobre ansiedade e a qualidade de sono dele.

Ele relatou uma situação na qual, ao deitar-se, imaginava que tinha esquecido de fazer uma determinada tarefa, como bater um prego na parede, ou pensava em alguma atividade programada para o dia seguinte. Essa simples possibilidade antecipatória da atividade já era o suficiente para prejudicar seu sono. Imaginem o nível de ansiedade que ele vivenciava!

Atualmente, em um mundo cada vez mais veloz e conectado, os eletrônicos também têm grande destaque como fator motivador para a perda de sono. Temos várias redes sociais – Facebook, Instagram, WhatsApp, YouTube, Twitter, TikTok e outras das quais nem lembro – que trazem muito entretenimento. Sem falar dos famosos jogos eletrônicos, os populares videogames, que merecem um destaque todo especial.

Um boa noite de sono não apenas revitaliza o corpo, ela também nutre a mente, promovendo equilíbrio emocional e clareza mental. Os benefícios de uma noite bem-dormida refletem-se em maior capacidade de enfrentar desafios, lidar com o estresse e manter a saúde mental em equilíbrio.

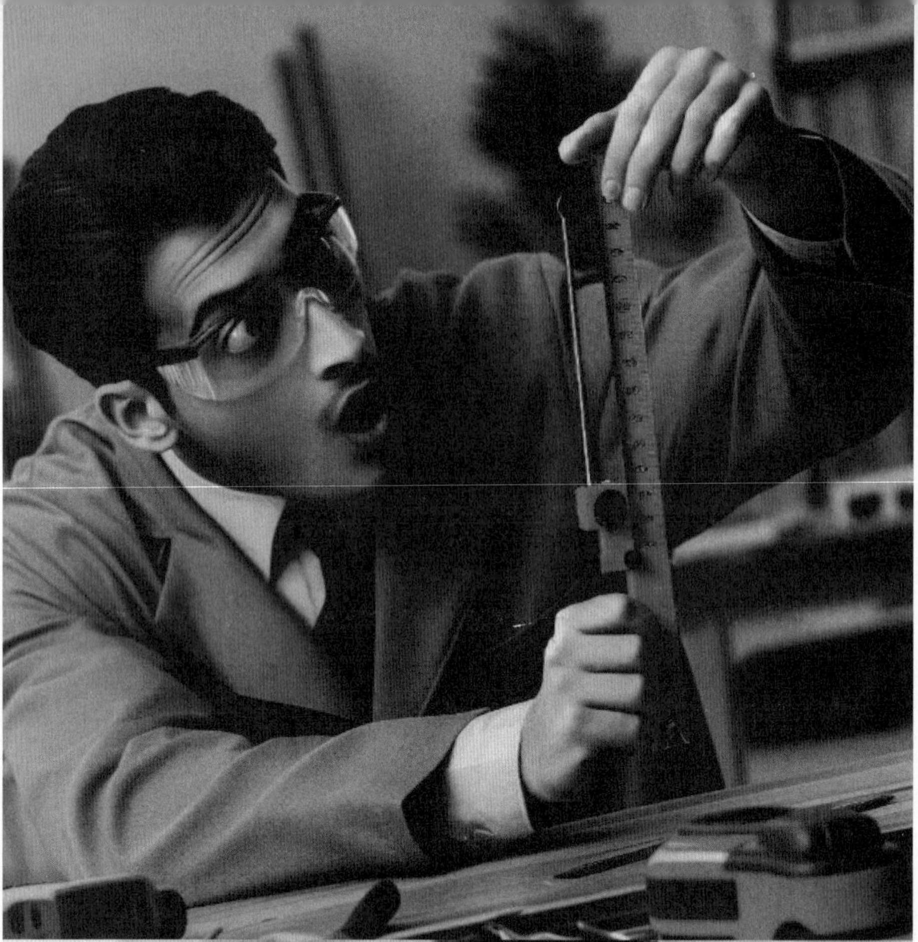

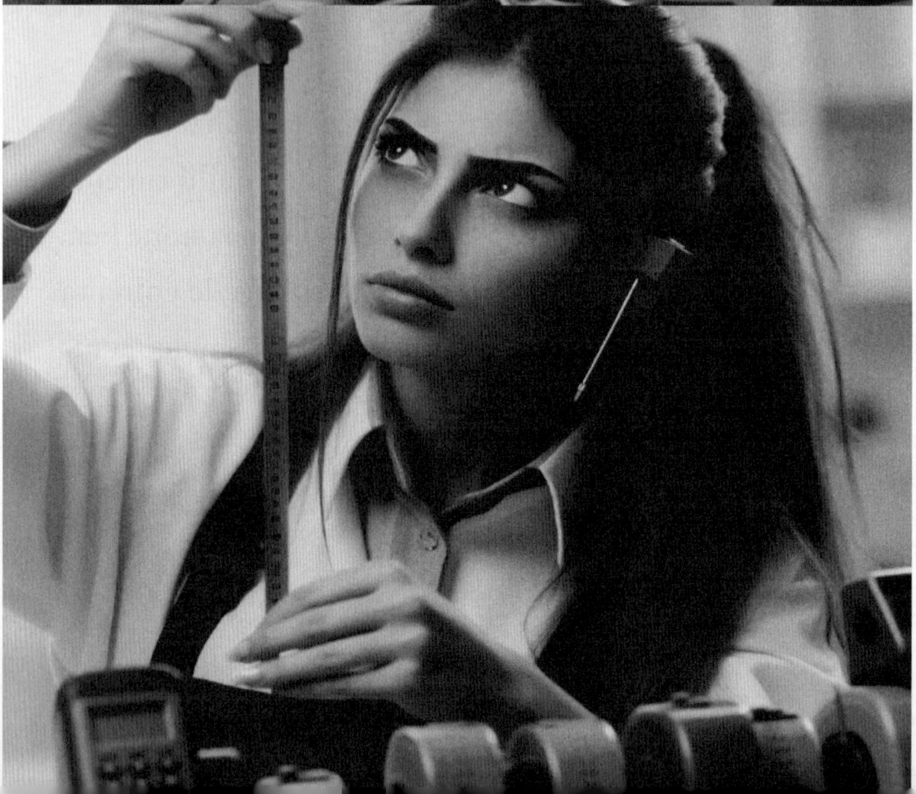

OS DESAFIOS DO PERFECCIONISMO: ANSIEDADE E AUTOCRÍTICA

O perfeccionismo é uma característica muitas vezes vista como uma busca pela excelência e pela qualidade superior em tudo o que se faz. Entretanto essa busca implacável pela perfeição pode ter um lado sombrio, levando a altos níveis de ansiedade e estresse. Indivíduos perfeccionistas frequentemente estabelecem padrões irrealisticamente altos para si mesmos e para os outros, o que pode levar a um ciclo interminável de autocrítica e autoexigência.

Por exemplo, imagine alguém que sempre se esforça para entregar tarefas impecáveis no ambiente de trabalho. Essa pessoa passa horas revisando e refinando cada detalhe, com medo de cometer um erro ou de não atender às expectativas dos outros. Essa pressão para alcançar a perfeição pode levar a uma ansiedade avassaladora, especialmente quando os prazos se aproximam ou quando surgem contratempos inesperados.

Além disso, o perfeccionismo também está associado a uma necessidade irracional de controle. Indivíduos perfeccionistas podem se sentir extremamente desconfortáveis quando as coisas não saem como o planejado, levando à frustração e à ansiedade. Ainda, eles costumam preocupar-se constantemente com o que pensam deles e sentirem-se inadequados se não atenderem às expectativas, reais ou imaginárias, dos outros.

Essa busca incessante pela perfeição gera sérias consequências para a saúde mental e a emocional. A ansiedade resultante do perfeccionismo pode levar a uma variedade de problemas, incluindo ataques de pânico, insônia, depressão e esgotamento emocional. Além disso, indivíduos perfeccionistas muitas vezes enfrentam dificuldades nos relacionamentos interpessoais, pois sua necessidade de controle e perfeição afasta os outros e dificulta a construção de conexões significativas.

Para compreender melhor a ansiedade e suas ramificações emocionais é crucial abordar o perfeccionismo neste capítulo. Um estudo conduzido pelas universidades York St. John e Bath, no Reino Unido, revelou um aumento significativo nos índices de perfeccionismo. Além disso, uma pesquisa realizada nos Estados Unidos, na West Virginia, apontou que duas em cada cinco crianças e adolescentes são perfeccionistas. É importante ressaltar que o perfeccionismo não garante o sucesso e pode acarretar sérios problemas emocionais, conforme indicado pela pesquisa.

Em muitos casos, os perfeccionistas empenham-se em realizar todas as tarefas nos mínimos detalhes, o que demanda uma energia considerável. Porém essa busca incessante pela perfeição pode ultrapassar os limites saudáveis e prejudicar a saúde mental, aumentando os níveis de ansiedade e gerando um ciclo interminável de autocrítica.

Imagine alguém que se esforça ao máximo para alcançar a perfeição em todas as áreas da vida. Embora acabe entregando um trabalho impecável, essa pessoa estabelece padrões tão elevados para si mesma que é incapaz de reconhecer e celebrar suas conquistas. Os constantes sentimentos de insatisfação e autocrítica tornam difícil a ela desfrutar de um momento de contentamento.

É importante reconhecer os motivos por trás desse comportamento. Em um ambiente acadêmico, por exemplo, um estudante pode esforçar-se para atender às expectativas dos colegas e professores e tentar alcançar a perfeição em seus trabalhos. Embora seja louvável buscar a excelência, é importante garantir que isso não afete negativamente as relações interpessoais nem a saúde mental.

Portanto é necessário reconhecer os sinais de perfeccionismo e de ansiedade e procurar formas saudáveis de lidar com esses desafios. Isso pode incluir técnicas de relaxamento, como meditação e ioga, terapias para desafiar padrões de pensamento negativos e autocríticos, e aprender a aceitar e abraçar a imperfeição como parte natural da experiência humana. Ao fazer isso é possível encontrar um equilíbrio saudável entre a busca pela excelência e a aceitação de nós mesmos como somos.

REFLEXÕES PARA LIDAR COM A ANSIEDADE

Oito princípios a lembrar

1. Nem tudo que você imagina é verdade.
2. Pensamentos são criações suas. Você não precisa entregar-se a eles.
3. Observe os fatos como eles realmente são.
4. Todas as suas angústias são passageiras.
5. Mantenha seus sentimentos positivos: fé, esperança, gratidão e amor.
6. Mesmo que seja muito desafiador, acredite que você é maior do que seus medos.
7. Seja gentil consigo mesmo.
8. É você quem escreve a sua história. Perdoe-se e siga em frente.

A felicidade que você experimenta em sua vida está intrinsecamente ligada à qualidade dos seus pensamentos. Cada pensamento que você nutre tem o poder de influenciar sua perspectiva, suas emoções e suas ações. Portanto cultivar uma mentalidade positiva e construtiva é fundamental para criar uma vida plena e satisfatória. Lembre-se sempre de que você tem o poder de escolher quais pensamentos vai alimentar e que cada pensamento positivo é um passo em direção a uma vida mais feliz e realizada.

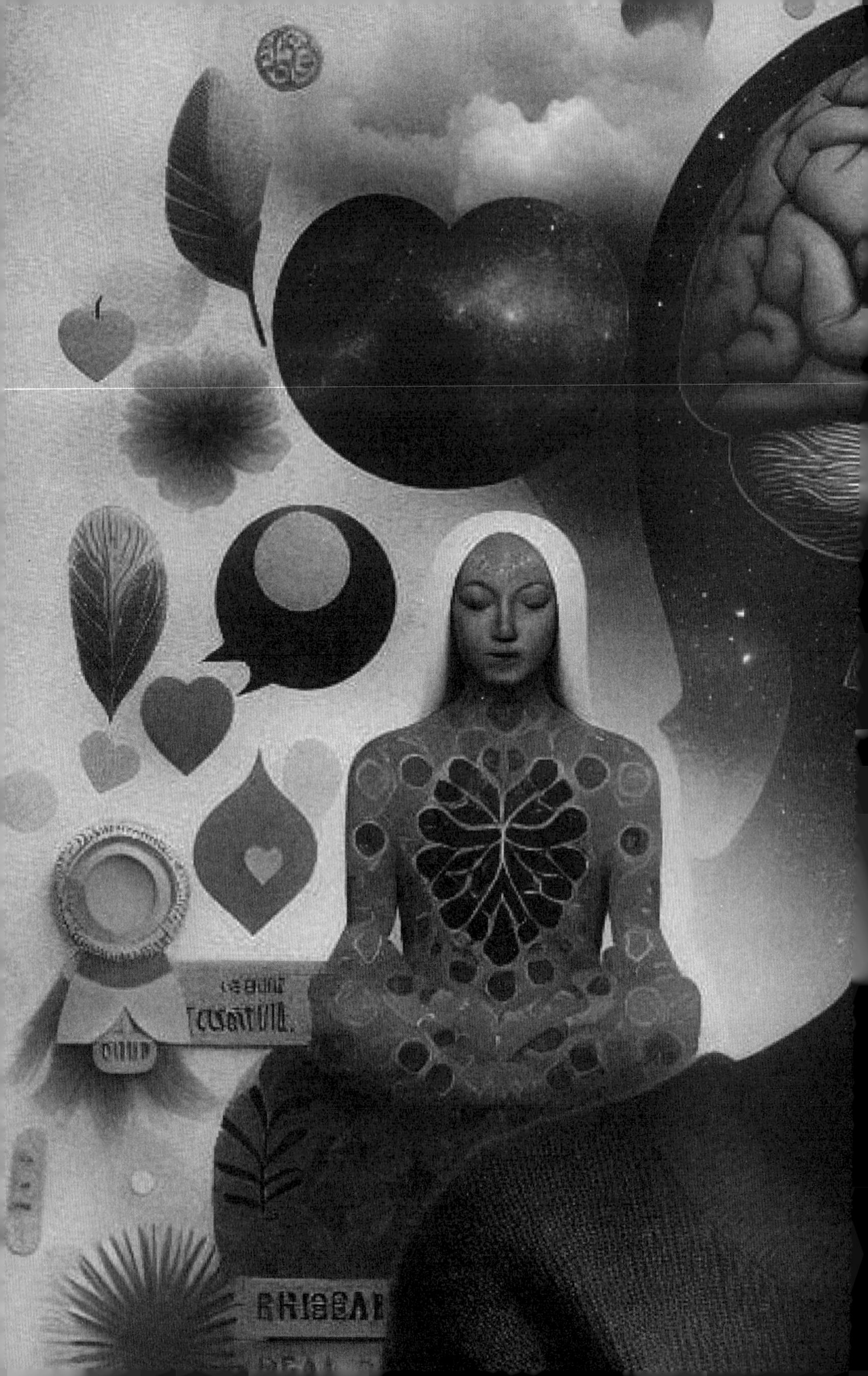

MENTAL HEA

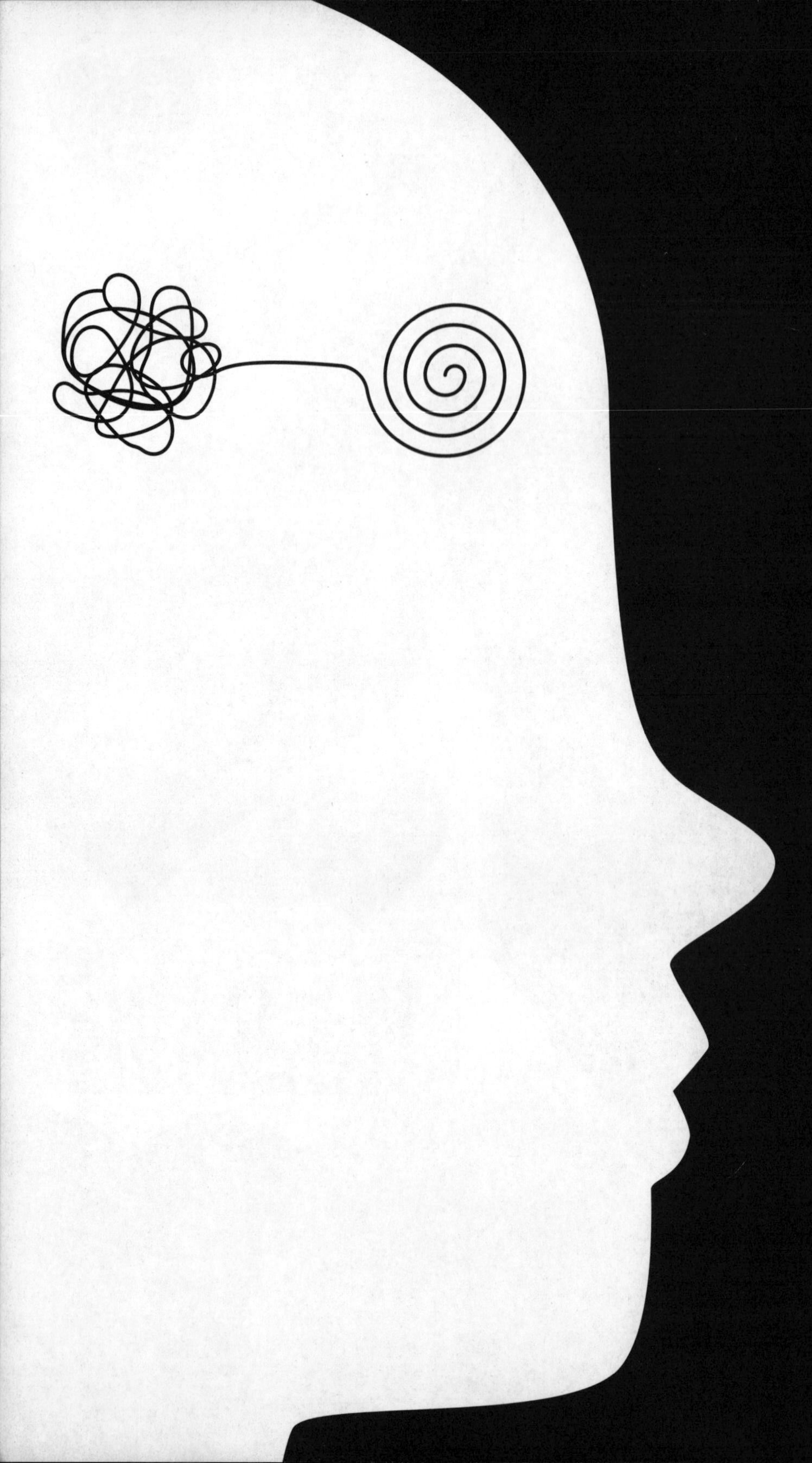

CHEGAMOS AO FIM:
uma reflexão final

No término desta jornada pelo universo da ansiedade, espero que você tenha encontrado não apenas respostas, mas também um novo entendimento sobre si mesmo e sobre a natureza humana. A ansiedade pode ser uma companheira desafiadora, mas também pode ser uma professora sábia, ensinando-nos a cultivar a compaixão por nós mesmos e pelos outros, a buscar a paz interior e a encontrar a força para enfrentar os desafios da vida.

Quando fechar este livro, lembre-se de que você não está sozinho em sua jornada. Há uma comunidade de indivíduos que compartilham suas lutas e seus triunfos, e há recursos e apoio disponíveis para ajudá-lo em sua busca por uma vida mais equilibrada e significativa.

Que você possa seguir em frente com coragem, gentileza e determinação. Que você possa encontrar a paz dentro de si mesmo e a confiança para enfrentar o desconhecido com serenidade. E que você possa lembrar-se sempre de que, apesar das tempestades da vida, há sempre uma luz brilhante dentro de você esperando para iluminar o seu caminho.

Quero enfatizar: não há motivo para vergonha ao sentir-se ansioso. A ansiedade é um sinal de mudança, indicando que ações devem ser tomadas em diversos aspectos da vida. É importante ressaltar mais uma vez que este livro não substitui ajuda profissional, apenas oferece ferramentas para compreender e auxiliar aqueles em conflito com a ansiedade, inclusive você mesmo. Lembre-se sempre: "Você não é sua ansiedade. Você é um ser repleto de possibilidades".

Obrigado por embarcar nesta jornada comigo. Que seu futuro seja repleto de amor, gratidão e paz.

grupo novo século

Compartilhando propósitos e conectando pessoas
Visite nosso site e fique por dentro dos nossos lançamentos:
www.gruponovoseculo.com.br

ns

- facebook/novoseculoeditora
- @novoseculoeditora
- @NovoSeculo
- novo século editora

gruponovoseculo.com.br

Edição: 1ª
Fonte: Minion Pro